我们为什么做出不利于自己的行为

[美] 马克·郭士顿 Mark Goulston 菲利普·戈德堡 Philip Goldberg 著

GET OUT OF YOUR OWN WAY

克服自我挫败行为
抵达内心深处的渴望

Overcoming Self-Defeating Behavior

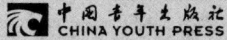

图书在版编目（CIP）数据

我们为什么做出不利于自己的行为：克服自我挫败行为，抵达内心深处的渴望 /（美）马克·郭士顿，（美）菲利普·戈德堡著；张淼译.
—北京：中国青年出版社，2020.8
书名原文：Get Out of Your Own Way: Overcoming Self-Defeating Behavior
ISBN 978-7-5153-6045-4

Ⅰ.①我… Ⅱ.①马… ②菲… ③张… Ⅲ.①成功心理—通俗读物 Ⅳ.①B848.4-49

中国版本图书馆 CIP 数据核字（2020）第092292号

Copyright © 1996 by Mark Goulston and Philip Goldberg
Published by agreement with the authors through the Chinese Connection Agency, a division of Beijing XinGuangCanLan ShuKan Distribution Company Ltd, a. k. a. Sino-Star.
Simplified Chinese translation copyright © 2020 by China Youth Press.
All rights reserved.

我们为什么做出不利于自己的行为：克服自我挫败行为，抵达内心深处的渴望

作　　者：	［美］马克·郭士顿　菲利普·戈德堡
译　　者：	张　淼
责任编辑：	肖　佳
文字编辑：	岳明园
美术编辑：	杜雨萃
出　　版：	中国青年出版社
发　　行：	北京中青文文化传媒有限公司
电　　话：	010-65511272 / 65516873
公司网址：	www.cyb.com.cn
购书网址：	zqwts.tmall.com
印　　刷：	大厂回族自治县益利印刷有限公司
版　　次：	2020年8月第1版
印　　次：	2024年10月第6次印刷
开　　本：	880mm×1230mm　1/32
字　　数：	132千字
印　　张：	6.25
京权图字：	01-2019-7406
书　　号：	ISBN 978-7-5153-6045-4
定　　价：	39.90元

版权声明

未经出版人事先书面许可，对本出版物的任何部分不得以任何方式或途径复制或传播，包括但不限于复印、录制、录音，或通过任何数据库、在线信息、数字化产品或可检索的系统。

中青版图书，版权所有，盗版必究

PRAISE FOR *GET OUT OF YOUR OWN WAY*

各方赞誉

书中提出了极具影响力、实用的深刻见解,可以帮助很多人过上更有收获的生活,将自己的弱势转化为优势。《我们为什么做出不利于自己的行为》能够帮助你在和自己相处,以及经营所有亲密关系时获得更多的满足感。郭士顿与戈德堡向我们具体展示了如何把问题转化为机遇。这是一本能为你带来收获,观点清晰,读来令人感到愉快的书。

——哈罗德·布卢姆菲尔德(Harold Bloomfield)
《如何度过失去挚爱的日子》(*How to Survive the Loss of a Love*)的作者

这是一本很有价值的书。它为四十种自我挫败的行为提供了明确的观点、富有同情心的理解以及实用的解决方法。如果你对它们不加解决,这些行为可能会毁掉你的生活。把它当作一本能够将你从自己设置的监狱中释放出来,创造自己真正想要的生活的指导手册。

——杰克·坎菲尔德(Jack Canfield)
《心灵鸡汤》(*Chicken Soup for the Soul*)的合著者

《我们为什么做出不利于自己的行为》的作者怀着少有的好意，结合常识探讨了这个敏感的话题。真诚的读者会了解到他们在自我挫败的道路上并不是孤身一人，由此他们会受益，并将更加善待和理解自己。

——提摩西·加尔韦（Timothy Gallwey）

《高尔夫的内心游戏》（*The Inner Game of Golf*）的作者

本书提供了切合实际的深刻见解与简单实用的练习，帮助你克服自己的自我挫败行为，获得你值得拥有的健康与快乐。

——凯西·史密斯（Kathy Smith）

美国一位领先的健康与健身专家

忙碌的企业家没有时间或精力可以浪费在糟糕的感觉上。这本书将帮助你勇敢面对和快速解决阻碍你获得成功的问题。

——简·阿普尔盖特（Jane Applegate）

《简·阿普尔盖特的小企业成功策略》

（*Jane Applegate's Strategies for Small Business Success*）的作者

以此纪念亲爱的欧文·郭士顿（Irving Goulston）、艾迪尔·斯托茨基（Ideal Stotsky）和威廉·麦克纳里（William McNary）。

CONTENTS
目 录

致　谢　　　　　　　　　　　　　　　　　　　011

你可以从自我挫败的行为中学到的10件事　　　013

前　言　如何战胜自我挫败　　　　　　　　　017

01 追逐父母的爱与认可　　　　　　　　　027

02 和错误的人交往　　　　　　　　　　　032

03 拖延　　　　　　　　　　　　　　　　037

04 期望别人能理解你的感受　　　　　　　041

05 迟迟等待直到为时已晚　　　　　　　　046

06 生气到让事情变得更糟　　　　　　　　050

07 当你想说"不"的时候说"好"　　　　053

08	心怀怨恨	056
09	认为别人不求任何回报	060
10	凡事追求安全	064
11	总是证明自己是对的	068
12	盯着你的伴侣做错的地方	072
13	容忍对方违背承诺	077
14	当你还在生气的时候就试图去和好	082
15	不从错误中吸取教训	086
16	试图改变他人	090
17	为了反抗而反抗	093
18	在没人听的时候还在说话	097
19	当你感觉不好时假装自己很好	101
20	痴迷于某件事或陷入强迫性行为	105

21	总认为别人是在针对自己	110
22	表现出对他人有太多需求	114
23	怀有不切实际的期望	118
24	试图照顾好每一个人	122
25	拒绝"比赛"	126
26	装模作样以留下好印象	130
27	嫉妒他人	135
28	自哀自怜	139
29	认为艰难的道路就是正确的道路	143
30	认为说声"我很抱歉"就够了	147
31	把一切都憋在心里	151
32	过早放弃	156
33	让别人控制你的生活	160

34	顺其自然，不做计划	164
35	让恐惧支配你的生活	169
36	在经历失去后无法继续前进	174
37	当离开是对的时候却选择不离开	178
38	不说出自己的需求	182
39	当别人想要别的东西时却只给他们建议	187
40	因为感觉没有准备好而放弃	192

关于作者	197
给读者的话	199

ACKNOWLEDGMENTS

致　谢

非常感谢约翰·达夫（John Duff）一直对这本书充满信心。非常感谢林恩·富兰克林（Lynn Franklin）为这本书所做的慷慨努力。非常感谢埃里克·拉舍（Eric Lasher）和莫琳·拉舍（Maureen Lasher）向我提供的早期支持和建议。非常感谢埃丽卡·席克尔（Erika Schickel）在文书方面为我提供的帮助。感谢我的同事埃德温·施耐德曼医生（Edwin Shneidman）、赫伯特·林登医生（Herbert Linden）和贾德·马默医生（Judd Marmor）一直以来对我的鼓励。感谢迈克尔·卡德尔（Michael Cader）、马克·西尔弗曼（Mark Silverman）和米娅·西尔弗曼（Mia Silverman）、普雷斯顿·约翰逊（Preston Johnson）、维基·马丁（Vicki Martin）、道格·克鲁施克（Doug Kruschke）、布鲁克·哈尔平（Brooke Halpin）、朱莉·特克尔（Julie Turkel）、艾伦·邓肯·罗斯（Alan Duncan Ross）和玛丽莲·卡根（Marilyn Kagan）。感谢我的母亲露丝·郭士顿（Ruth Goulston）。感谢我的妻子莉萨（Lisa），以及我们可爱的孩子们劳伦（Lauren）、艾米莉（Emily）和比利（Billy），这本书夺走了许多我陪伴你们的时间，感谢你们的理解和宽容。最后，感谢所有对于克服自我挫败行为从未放弃希望的患者，他们带给我很多灵感和启发。

10 THINGS YOU CAN LEARN FROM SELF-DEFEATING BEHAVIOR
你可以从自我挫败的行为中
学到的10件事

自这本书第一次出版以来，我收到了许多来自读者的反馈，这让我非常高兴。我从他们身上学到了很多。我曾为许多出版物撰写过我们可以从公众人物的自我挫败行为中学到的"最重要的十件事"，这些公众人物包括O. J. 辛普森、克林顿总统，很多读者对此也做出了回应，同样使我收获良多。感谢那些富有洞察力的读者，他们把这本书中的建议应用到了他们的生活中，我开始意识到，在理解自我挫败行为本质的过程中，有一些普遍的功课需要我们去学习。因此，为了帮助你从这本书中学到更多，我想先讲一讲，我从读者那里学到的最有价值的十件事：

1. **现在就开始行动吧。** 人生最大的悲剧之一，就是当你走到生命的尽头时，发现一切并非如你所愿。更可悲的是，你发现你未能实现自己的希望和梦想，很大程度上是因为你做了不利于自己的行为。行动永远不会太迟。现在是时候克服你的自我挫败行为了。否则，你可能会为错过的机会、失去的满足感和没有给予或接受的爱而深感遗憾。

2. **不要跳出油锅却掉入火坑。** 当你急于改变一种自我挫败的行为时，请确保你不是用另一种自我挫败的行为取代前者。新的行为甚至可能比最初的行为更具破坏性。记住，如果你鲁莽行事，你最终可能会搬起石头砸自己的脚。为了寻找一种新的应对机制而鲁莽行事，除了能给你带来短暂的解脱外，只会让你的生活变得复杂，损害你的信誉，最终让你痛恨自己的愚蠢行为。不要等到类似情况出现时冲动行事，而是要提前想好采取什么行动才能长久地而不仅仅是暂时地解决问题。

  3. 逃避不是解决办法。为了改变一段关系中自我挫败的模式，有些人决定把自己的感受隐藏起来，以避免麻烦。相比再进行一次争吵，持续生气和忍受痛苦似乎是更好的选择。问题是，如果你没有足够快地处理伤害和失望，这些感觉就会变成怨恨、愤怒和憎恨。它们会在体内溃烂，最终引起一些身体症状和/或成为情感上的火药桶。从长远来看，尽早承认问题并以同情、尊重和同理的态度有效地处理它，才是更好的处理问题的方式。

  4. 没有什么比试图改变另一个人更徒劳的了。有些人想用简单的方法来解决问题，他们试图改变别人，而不是努力改变自己的自我挫败行为。"嘿，如果她不再批评我，我是不会发脾气的！""如果他不是这么懒的话，我就不必批评他了！"改变自己都这么难，你又为什么认为改变别人会很简单呢？你最好集中精力克服自己的自我挫败行为，让自己变得更好。至于其他人，如果你理解和接纳他们，而不是强迫他们或让他们感到内疚，那么他们将更有可能接受你的意见。

  5. 除非你承认某样东西坏了，否则你无法修好它。直率和生硬，坚定和粗鲁，坚强和固执，敏感和做作，自发和冲动之间只有一线之隔。知道两者的区别意味着认识到自己行为的真相，这是做出积极改变的第一步。

6. 摧毁信任只需要几秒钟，而重建信任需要几年。你越是坚持自我挫败的行为，你就越有可能失去别人的尊重和信任。即使你的行为不会立刻伤害或冒犯到其他人，他们仍然会对接下来可能发生的事情保持警惕——要想重新赢得他们的尊重和信任需要很长时间。所以，在重新赢得尊重的道路变得过于漫长，以及所有你习惯得到的关心都变成同情之前，赶紧行动吧。你越是逃避改变，你的朋友就越会逃避你。

7. 有方法，就能成为有志者。研究表明，人们之所以持续处在不满意的工作和人际关系中，是因为他们找不到一种感觉正确、有意义且可行的改变方式。仅仅拥有意愿是不够的，你还需要一种方法。事实上，有时候，方法比意愿更重要。寻找一种切实可行的行为来替代你的自我挫败行为。当你发现自己开始走上自我挫败的坎坷之路时，停下来，反思一下，用更具有建设性的方式来处理这种情况，取代破坏性的行为。

8. 守旧的人也可以学习新事物。通常，改变的主要障碍是缺乏信心，不相信自己能够真正地学会和运用新方法来解决老问题。为了让自己不必下决心进步，有时候我们会寻找每个新想法的缺陷，找理由拒绝它们。这就是为什么有些人把计算机偶尔会死机的事实作为保存大量纸质文件的借口。他们实际上是害怕自己不会使用电脑。

9. 在人际关系中，自我投入通常是自我挫败行为的根源。改变你的自我挫败行为是很好的，但是不要过于沉迷，以至于忽略了那些对你重要的人。你越专注于自己，就越不可能去关心、认可甚至注意到别人。因此，他们会感到受伤、沮丧和愤怒——会确信你并不是真的在乎他们。这样，你将不可能留住你的朋友或爱人。只有通过同理心，你才能开始修复这些裂痕。养成设身处地为别人着想的习惯，问问自己："他/她现在感觉怎么样？"

10. 没有什么事情比屈服于自我挫败的行为更让你感觉糟糕，也没有什么事情比克服它更让你感觉良好。就像吃糖果或外遇一样，沉溺于自我挫败的行为所体验到的快感是短暂的。随之而来的羞愧、内疚和自我轻视不仅会令人感到害怕，而且会持续很久。但如果你把自我挫败的行为扼杀在萌芽状态，抵制诱惑，不屈服于它，用积极的自我发展的行为取而代之，你会发现自己比以往任何时候都更加自尊和自爱。

INTRODUCTION
前　言
如何战胜自我挫败

　　1972年，在医学院苦读了两年之后，我几乎要退学了。我的课业让我感到压抑，我无法决定选哪个专业，因为它们对我都没有吸引力。我喜欢和病人待在一起。他们的痛苦触动了我，我发现自己天生喜欢去安抚他们，减轻他们的忧虑。但是，在一个高科技医学的时代，花时间与病人交谈并减轻他们的焦虑被认为是无足轻重的，人们认为，那只是和病人握了握手，医生就应该从事艰苦的工作，英勇地与死亡搏斗。我当时就处在这样一个两难的困境，以至于得了慢性胃病。

　　我的导师是教导主任，他安排我参加了位于堪萨斯州托皮卡市的门宁格精神病学教育与研究基金会的一个项目。这让我有机会进入一个压力较小的环境，可以好好思考我想做什么。我得到的收获比我想要的多得多。在精神科病房待了几个星期，和无数病人交谈之后，我第一次想到要专攻精神病学。这项工作对我来说很容易，很自然。但正因为这个原因，我抗拒这么做。在我看来，工作不应该是一件让你享受的事情，而应该是一件你忍受着去做的事。如果工作的过程不艰难，那就是不合理的。

　　我把这一切都告诉了我的导师。他认为答案很简单：成为一名精神科医师。

"但这是一条简单的出路。"我拒绝道。

他的回答改变了我的一生:"有时候,简单的出路就是正确的出路。"

这段经历不仅影响了我对职业的选择,也影响了我后来从事这项职业的方式。它让我清楚地意识到自我挫败行为的力量。我差点以两种方式打败自己,这两种方式也是本书中的两个章节:过早放弃,以及认为艰难的道路就是正确的道路。我被一个关心我的人拯救了,他睿智的话语立即对我产生了影响,并在我遇到困难时继续指引我。"有时候,简单的出路就是正确的出路",这就是我所说的可用的洞察:一句令人难忘的话,不仅阐明了问题,还激发了建设性的行动。

从那时起,我在临床工作了二十多年。我试图找出我的患者是如何打败他们自己的,并用同理心面对他们,告诉他们有用的洞察,帮助他们战胜自我挫败。我写本书也是希望帮助读者克服自我挫败行为。它将帮助那些拥有自我挫败行为的人们改变那些阻碍其前进的行为模式,把自我挫败的行为变成让自己过得更好的行为。

自我挫败行为的影响

从我的经验来看,自我挫败的行为是人们接受心理治疗的主要原因。没有什么比意识到正是自己的行为阻碍了我们获得渴望的爱、成功和幸福更让我们发狂,或更让我们怨恨自己的了。自我挫败的行为违背了我们自己的最大利益,对抗我们内心深处的渴望。它产生的问题比它能解决的问题更多。这就是为什么,当你发现自己在自我挫败的时候，你会愤怒地尖叫："我不敢相信我又做了那件事！我早该知道的！我是我自己最大的敌人！"

你对自己说过多少次这样的话？很有可能，你的回答是"太多了"。有多少次你明确地知道自己是如何挫败自己的，并发誓再也不这样做了？太经常了吗？放松一点。你应该知道的第一件事是你并不孤单。我遇到过各种各样的病人，从努力让收支平衡的普通人，到能够左右人们生活的有权势的大亨，从健康的年轻人到临终的虚弱病人，从无名小卒到名人，从诚实的公民到不知悔改的罪犯。因为自我挫败的行为，他们每个人都觉得自己很愚蠢，每个人都不知道如何改变——或者，即使他们知道如何改变，也没能坚持到底。在某些人的例子中，那些表面上很自信的人其实非常自卑，他们甚至觉得自己不值得被爱与尊重。

一位世界著名的爵士音乐家曾是我的病人。在他生命的最后几个月里，晚期癌症把他慢慢拖向死亡，他的灵魂备受折磨。显然，自我挫败的行为并没有阻止他成功，他是当时最受尊敬的演奏家之一。但是这本书中介绍的一些行为却让他无法享受成功，无法抓住爱，无法在最重要的时刻保持平静：他心怀怨恨（行为8），以至于失去了儿子的爱；他迟迟等待直到为时已晚（行为5），以至于在死前他都没能与儿子和好；他嫉妒他人（行为27）——他嫉妒那些受过古典音乐训练的音乐家——他不能好好感激别人对他的尊重；他总是怀有不切实际的期望（行为23），他对一个事实感到惋惜，那就是在他的职业生涯中，乐器发出的声音只有四次与他脑海中的音乐完美匹配（这相当于比我们大多数人多拥有了四个完美的时刻);他把一切都憋在心里(行为31),无法把内心深处的情感释放出来。

我对他说的最后一句话是:"放下吧,你做得很好。"他虚弱地笑了笑,眼睛湿润了。"谢谢你,医生,"他说道,"我曾经很需要听到这句话。"我永远也无法知道这句话能否改变些什么。

写这本书是为了避免这样的悲剧。如果你准备好要做出改变,它将帮助你找到信念和方向,并且坚持到底。在遵循了前面几章的建议后,你会发现,你不仅不会打败自己,还能用尊严、智慧、勇气甚至幽默来面对困难。

为什么我们会做出自我挫败的行为

当我们没有从生活中吸取教训时,就会做出自我挫败的行为。它代表着冲动战胜了意识,即刻的愉悦战胜了持久的满足,缓解问题战胜了解决问题。一开始,自我挫败的行为总是会让我们感觉更好。这是一种应对机制。当面对危机、威胁或潜在的令人不安的情况时,我们会尽力保护自己。我们会采取一些措施缓解紧张或防止自己受伤。在当时看来,这一行动本身似乎是合乎逻辑和适当的,而且它实际上可能会成功地在短期缓解问题。但这种行为总会回过头来困扰我们。然后,我们会咒骂自己笨、愚蠢或软弱,但实际上,我们只是在威胁或混乱的局面中没能做到着眼长远。

与大多数长期模式一样,自我挫败的行为通常源自童年经历。当受到创伤的儿童得到爱的支持和耐心、有效的引导时,他们往往会形成健康的应对机制。在成年之后，他们往往是拥有复原能力的、自信的和机智的。他们的自我挫败行为都是相对次要且容易克服的。相比之下，那些缺少爱、被虐待或被忽视的孩子则会感到没有安全感和孤独。还有一些孩子，他们并不缺少爱和关注，但没有得到恰当的引导。尽管他们可能感到被爱，但他们在成长过程中常常感到无助和无力，因此在面对逆境时会有不安全感。这两种遭遇的孩子会竭尽所能让自己无法忍受的感觉变得可以忍受。他们越是感到焦虑和孤独，或越是感觉自己不够好和无能，他们就越会执着于任何能带来安慰的想法、态度和行为。如果他们不能形成更有效的应对机制，那些带来安慰的应对机制就会固化成为自我挫败的行为。

当然，也有一些幸运的人，由于自身的优势或其他成年人的干预，他们在缺乏父母关爱和引导的情况下，仍能形成适当的应对方式。然而，在大多数情况下，他们最终会形成顽固的自我挫败模式。儿童时期受到虐待的人往往会变得愤怒，长大后会攻击这个世界。被忽视的人往往容易感到挫败，并从这个世界隐退。缺乏指引的人往往缺乏自信和独立性。每一条错误的路都会导致不同形式的自我挫败。

如何使用这本书

> 世间所有美丽的情感都抵不过一次实际行动。
> ——詹姆斯·拉塞尔·洛威尔（JAMES RUSSELL LOWELL）

本书共有40个章节，每一章都讲述了一种常见的自我挫败行为。如果你通读目录中的标题，你无疑会认识到你是如何挫败自己的。在你看来，有些章节会比其他章节更加符合你的情况。但我建议你把这本书从头到尾通读一遍，然后再回过头来，重点阅读与你当前关注的问题相关的章节。仔细研究它们，采纳其中包含的建议。

在这之后，我建议你把这本书放在身边作为参考资料。原因有两点。首先，随着新情况的出现，你可能会像大多数人一样，以新的方式挫败自己。这时候，你之前不太关注的章节会突然具有新的意义和重要性。其次，你可能需要时不时地复习一下。你可能认为自己已经不会再做出自我挫败的行为了，但过一段时间之后这些行为可能会再次找上门来。你必须不断练习积极的行为，这样才能形成习惯。

每一种自我挫败的行为都有其特点和解决办法。同时，它们拥有许多共同的特点。因此，有一些对策对于每一种自我挫败行为都有效。无论何时，当你发现过去曾引发自我挫败冲动的情况再次出现时，那么除了遵循每个章节的建议外，请采取以下步骤：

五步暂停法

自我挫败的行为通常是下意识的反应。我们很容易在不考虑长期后果，也不考虑合理的替代方案的情况下采取行动。五步暂停法将通过提高你的感知能力，来防止这种情况的发生。这个方法可以让你的思维回到正常路线，让你反思而不是做出反应，让你凭智慧而不是冲动行事，有意识地选择最佳的行动方案。

第1步：增强对身体的觉知。一开始，冲动会引发身体上的感觉。停下来，注意有感觉的部位和那个部位的感觉。你的胃有感觉吗？头、脖子，还有胸口呢？

第2步：增强对情感的觉知。试着把身体上的感觉和情感联系起来。你为什么感到紧张？你对什么感到生气？你在害怕什么？

第3步：增强对冲动的觉知。你刚刚注意到的感觉是否让你想要采取行动？这些感觉让你想做什么？

第4步：增强后果意识。问问自己，如果采取行动，短期和长期的后果可能是什么。意识到行动会带来的不良后果能够让你适时地停下来。

第5步：增强解决问题的意识。问问自己还有什么选择。哪一种选择可能会产生最好的结果？想象一下，如果你采取更有建设性的行动，将会发生什么样的好事，这可以激励你做出改变。

关注你得到了什么，而不是失去了什么

无论多么具有破坏性，自我挫败的行为都是有某种用处的。而且，无论你多么想停止做这件事，在某种程度上，你依然可能会害怕把它抛在脑后，去做一些新的、未经试验的事情。你会担心，如果新的行为不起作用，事情变得更糟怎么办？因此，打破惯性的关键是关注你正在获得的，而不是正在放弃的东西。否则，即使你已经坚定地承诺要改变，一旦你遇到障碍，就很容易回到自我挫败的老路上。

获得一些帮助

自我挫败的行为可以追溯到童年时期的孤独和缺少保护的经历,所以,如果你得到了他人的支持,在成年后你将更容易克服这种行为。

帮助你的人实际扮演什么角色并不重要。他们可以直接帮助你,为你提供精神上的支持,或者监督你,让你为自己下定决心要做出的改变负责。重要的是你知道你并不是孤身一人。这会增强你的信心和决心。

建设性地利用退步

自我挫败的行为往往会反复出现。尽管你的意愿是好的,但当同样或类似的情况再次出现时,你可能会做出条件反射般的反应——做你以前做过的事情。如果你重复了过去的做法,不要因为犯了错误而把自己一竿子打死,而是要把你的自我轻视转化为自我决定。问问自己,如果你能再做一次,你会做些什么。为了防止这种情况再次出现,为它制定一个行动计划。

奖励自己

每当你重复做一次自我挫败的行为,你的自尊就会受到打击。你认为自己软弱、不自律,无法实现更高的目标。相反,每当你成功地克服了自我挫败的冲动,你的自尊就能得到一定的提升。好好利用这种自豪感。对自己出色的表现进行奖励会强化你的新行为,并帮助你永久地实现改变。

参考可用的洞察

> 学习的真谛在于,你对一向明白的事物突然获得了全新的领悟。
>
> ——多丽丝·莱辛(DORIS LESSING)

普通的洞察能给人带来安慰,使人更好地理解,但不一定能激发行动。可用的洞察能发挥更实际和持久的影响。我的病人们发现,这本书中的洞察激发他们做出了建设性的改变,而且在第一次听到这些洞察之后,这些内容在他们的脑海中久久挥之不去。一位病人把它们称为"持续引导自己的礼物"。我建议你写下与你正在改变的行为有关的洞察,把它们贴在浴室镜子或冰箱门上。这些提醒会督促你采取一系列新行动。

> 如果你取得了一项成就,你就养成了一种习惯。
>
> 如果你养成了一种习惯,你就形成了一种性格。
>
> 如果你形成了一种性格,你就创造了一种命运。
>
> ——安德烈·莫洛亚(ANDRÉ MAUROIS)

承诺做出改变

这本书将为你提供动力、知识和技能,让你停止自我挫败。但如果你不努力改变,这些都毫无价值。你已经读到这里就表明你拥有踏上改变之路的勇气。承认自己挡住了自己的路并不容易,而清除前进道路中的障碍更是难上加难。你已经意识到,把自己的问题归咎于他人,或归咎于你无法控制的环境,并不能让事态变得更好。你明白只有你才拥有改变自己生活的力量。如果你想战胜自我挫败,这种责任感是至关重要的。

我鼓励你们继续坚定地致力于改善自己的生活。在阅读这本书的时候,坦率地看看自己。正如"12步疗法"中所说的那样,"做一次彻底和无畏的自我品格的检讨"。你的诚实,加上每一章提供的信息和建议,会带给你信心和智慧,帮助你抛弃自我挫败的行为,迈向更令人满意的未来。你将成为自己最好的朋友,而不是最糟糕的敌人。

01
追逐父母的爱与认可

> 孩子们一开始是爱父母的,随着年龄的增长,他们会评判父母;有时候他们会原谅父母。
>
> ——奥斯卡·王尔德(OSCAR WILDE)

我的一位病人告诉自己的母亲说,她正在看心理医生。"太棒了,"她母亲嗤之以鼻地说,"他会试着让你相信你恨我。"

"不,妈妈,"我的病人回答道,"事实上,他想让我相信我爱你。"

这个故事很好地捕捉到了成年子女和父母之间的复杂情感。我见过的接受治疗的人几乎都与他们的母亲或父亲有冲突,而且这些冲突总是会影响他们与配偶、子女、同事和朋友之间的关系。有些人很愤怒,因为他们觉得父母不认可或不爱自己。有些人很沮丧,因为他们的父母不理解他们,甚至连尝试也不愿意。有些人厌恶父母的控制,而另一些人则怨恨父母的冷漠。而且,几乎所有人都为自己没有感谢父母而感到内疚,他们都知道父母为了养大自己做出了很大的牺牲。随着时间的流逝,他们变得越来越焦虑。人们总是试图得到自己需要的东西（父母的爱、关怀或是其他），结果却成了一种自我挫败的行为。

　　由于父母自己的成长经历，他们往往无法在情感上满足你的需要。如果你一直在追求他们无法给予你的东西，而且如果你认为自己的价值取决于是否得到它，那么你就永远也不会觉得自己有价值。相反，你徒劳的努力会让你产生敌意和怨恨，让你的父母产生挫败感。事实上，除非你是那种为数不多的能够清楚地表达自己需求的孩子，否则你的父母可能根本不知道你想从他们身上得到什么。他们只知道你不开心，这让他们感到困惑和悲伤。

　　在很多情况下，你从父母那里得不到的东西，恰恰就是你的父母从他们的父母那里得不到的东西。因为他们很难给予孩子他们没有得到的东西，他们最终会根据自己的成长经历来抚养孩子，或者以其他方式延续这种剥夺。打破家庭循环的关键是：做你父母的父母，实质上成为你自己的祖父母、外祖父母。给予父母他们从未得到的东西。通过满足他们内心深处的渴望，你也许能使他们不再被自己的成长经历所束缚，并从他们那里得到你想要的东西。

> 父母的欢乐藏而不露，他们的悲哀与恐惧也是这样。
>
> ——弗朗西斯·培根（FRANCIS BACON）

　　卡罗琳是我的一位客户，她50岁了。她的母亲事事都要干涉，总是不赞成她的选择。"她总是像对待孩子一样地对待我，"卡罗琳抱怨道，"我想和她断绝关系，但我做不到。"

卡罗琳想要我们所有人都想从父母那里得到的东西——无条件的爱和接纳——但她不顾一切的努力却适得其反,她与母亲更疏远了。我提醒卡罗琳,她母亲是在大萧条时期由被迫长时间工作的父母抚养长大的。和其他被忽视的孩子一样,卡罗琳的母亲在成长过程中也觉得自己被忽视了。因此,当她自己成为一名母亲时,她做得太过火了,对女儿的生活干涉太多,甚至试图控制她。"你们两个的不幸之处在于,"我告诉卡罗琳,"你们都没有真正的母亲。"

当意识到她和她的母亲在童年都遭受过痛苦时——她的母亲是被忽视,她是被过度控制——卡罗琳开始能够放下一些痛苦的感觉。在意识到母亲的控制欲是一种接近女儿的错误尝试后,卡罗琳更容易接受这一点了。她越少逃离,她母亲就越少迫近。不久,她母亲就不再批评她了。这两个女人没有互相吼叫,而是开始交谈,并最终开始交心。这之后的三年过得比之前的五十年都更甜蜜。

对于那些渴望听到父亲说出"儿子,我为你感到骄傲"这句神奇的话的人来说,这个方法尤其有效。那些小时候得不到父亲赞赏的男人,觉得自己被剥夺了很多东西,而那些曾经得到过父亲赞赏的男人又渴望重温美好的童年时光,但那已经一去不复返了。这就是为什么,如果你想看到一个成年男人流泪,就让他谈谈他的父亲。

我遇到过一位令人难忘的病人,他是一位摇滚明星,在这里我把他称作约翰(John)。他努力让自己成功,主要是为了赢得父亲的认可。但是,无论是金唱片、金钱,还是众人的称赞,没有任何东西能让他的父亲直接表达出自己的骄傲。我建议约翰做他自己的祖父母,但是他太骄傲了,并没有这样做。后来他的父亲中风了。约翰被叫去帮忙照顾他。在照顾这个曾经强壮的男人几天后,约翰的心开始变软了。在帮父亲穿好衣服准备过76岁生日时,约翰对他说道:"嗯,又老了一岁,又更聪明了一岁。"

"总归是又老了一岁。"他父亲叹了口气说道。

约翰惊呆了。他的父亲一生中从未说过一句自嘲的话。当约翰看着父亲费力地系鞋带时,他回想起,这位老人是由哥哥姐姐扶养长大的,他比自己更缺少父爱。等父亲系好鞋带后,约翰对他说:"干得好,爸爸,我为你感到骄傲。"

他父亲热泪盈眶。他轻声说了一句话,对约翰来说,这句话比满屋子的格莱美奖都更重要:"我也为你感到骄傲。你是个好儿子。"

> 首先,我们是父母的孩子,然后是孩子的父母,再然后是父母的父母,最后是孩子的孩子。
>
> ——弥尔顿·格林布拉特医学博士(MILTON GREENBLATT, M. D.)

做自己的祖父母需要勇气。你必须愿意付出你可能迫切需要的东西,且无法保证能得到回报。然而,这可能是获得你自己一直想要的爱、骄傲和接纳的最大希望。至少,这将有助于避免承受我的一位病人所表达的那种痛苦:"侵蚀我内心的不是我没有从母亲那里得到爱,而是我因为太生气而从未给予过她爱。"

> **可用的洞察：**
>
> 如果你想从父母那里得到一些未曾得到过的东西，那就做你自己的祖父母吧。

采取行动

- 想一想你从未从父亲或母亲那里得到过的，但你感觉自己仍然需要的东西。（最常见的回答是骄傲、爱、安慰和接纳。）
- 根据你对你家庭的了解，确认你的父母是否从他/她的父母那里得到过这些东西。
- 想象在某个场景下，你真诚地把这些东西给予你的父母，然后设想自己要如何做。
- 寻找机会把你需要的东西给予你的父母。如果你们都被感动了，甚至流下了眼泪，也不用感到惊讶。流眼泪并不代表这么做是错的，反而代表曾经的错误终于被纠正过来了。

02
和错误的人交往

> 对所有人都要有礼貌,但与少数人保持亲密关系,在你给予他们信任之前,让那些少数人受到充分的考验。
>
> ——乔治·华盛顿(GEORGE WASHINGTON)

"也许我应该做一个修女!"朱迪(Judy)边坐下边宣布道,"我刚和另一个男人分手。开始的时候很好,但后来他变成一个专横跋扈的混蛋。他和我之前交往的那个懦弱的人完全相反,那个人甚至决定不了去哪家餐馆吃饭。为什么我总是会和那些让我感到害怕或抱歉的人在一起呢?难道没有办法提前看清楚他们吗?"

朱迪并不是唯一一个希望自己拥有混蛋探测器的人。不仅仅是女性有这样的愿望,男性也抱怨说,吸引他们的女人要么是泼妇、控制欲强,要么就要求太高、太黏人。无论是男性还是女性,都会抱怨朋友、家人和同事,或是抱怨他们经常攻击自己,或是抱怨他们因为自己的一点点冒犯就崩溃。

就像购物者试图在不咬一口的情况下就认出坏苹果一样,我们希望能够认出那些内心腐烂的人,因为,和腐烂的苹果还不一样,他们会主动"咬"我们。如果你总是和错误的人来往,那么他们可能属于以下两种类型中的一种。第一种类型的人会让你觉得他们强大、有魅力、有力量。如果你感到内心无力,你可能会被这样的人吸引,希望能够在交往的过程中从对方身上吸收一些力量。具有讽刺意味的是,就像吸血鬼一样,这种类型的人反而是通过吸取他人的力量来维持自己的力量的。他们是索取者。你可能没有意识到这一点,因为他们知道如何让你觉得自己很特别。那是因为他们还没有开始伤害你。不久他们就会这样做的。

你被第二种类型的人吸引是因为他们需要你。你认同他们,像你希望被对待的那样对待他们。这是一个做好事的机会,是一个感觉自己很重要的机会,甚至是一个成为英雄的机会。他们似乎没有威胁,无法伤害到你。但他们也无法给予太多。你觉得如果你给他们足够的支持,他们最终会有所回报。但通常情况下,他们只是在榨干你。从长远来看,你会感到精疲力竭,你会变成自己从未想成为的那种人:冷淡、冷漠,甚至可能会虐待他们。

在这两种情况下,你的出发点都是好的,但最终的结果都会令你感到挫败。有一种方法可以避免这种结果,那就是辨认出他人的性格内核。这能让你找到对的人,并与之来往,而不是希望自己从来没有遇到过某个人。我们需要警惕的是两类人,拥有怨恨内核的人和拥有受伤内核的人。

拥有怨恨内核的人会与世界为敌。刚开始的时候,他们往往很有魅力，他们很好胜、喜欢对抗，而且通常很好斗。他们会把每一次分歧变成对抗，并试图迅速占据上风。当你和他们在一起时，你总会觉得不适，或是自卑。

> 一个真正的朋友会自由地敞开心扉，公正地提出建议，准备好帮助你，大胆地冒险，耐心地接受一切，勇敢地为你辩护，并始终不渝地做你的朋友。
>
> ——威廉·佩恩（WILLIAM PENN）

往往是因为童年受到过虐待，拥有怨恨内核的人无法承受损失。他们在小时候受到如此严重的伤害，所以发誓长大后一定要随心所欲。你可能会赞成你的律师如此好斗，但一定不会希望你的朋友、爱人或同事是这个样子。和这样的人在一起，你会非常害怕受到伤害，以至于牺牲自己的需求来配合他们。

如果你把自己的目标和抱负告诉一个拥有怨恨内核的人，那么他会试图打击你的热情，甚至可能会反对你。当和更不幸的人在一起时，他们往往漠不关心，甚至可能会表现出不屑或居高临下的态度。

相比伤害别人，拥有受伤内核的人更容易让别人感到沮丧。和他们在一起就像在蛋壳上行走。除非你特别小心不去伤害他们的感情，否则你最终会感到内疚。他们会把每件事都看成是针对他们的，但他们不是猛烈抨击，而是精神崩溃和后退，以使你对他们感到抱歉。

通常是因为在情感上受到了忽视，拥有受伤内核的人往往在成长过程中感到自己不被爱，不特别，不受保护，没有价值。他们不会反对你，但也不会支持你。他们感觉内心的力量太匮乏了，根本无法影响别人。当他们和更不幸的人在一起时，他们会觉得精疲力竭，不知所措，以至于无法提供帮助；然后他们会觉得自己能力不足，因为他们无法拯救那个人。

> 高尚的人吸引高尚的人，并且知道如何留住他们。
>
> ——歌德（GOETHE）

　　幸运的是，还有第三种类型的人——拥有健康内核的人。他们豁达、自信，拥有坚定的信念和良好的幽默感，他们是我们希望出现在我们生活中的那种人。因为在孩童时期觉得有安全感和被爱，拥有健康内核的人往往是忠诚、诚实和真诚的。当受到伤害或感到沮丧时，他们会迅速恢复，不会耿耿于怀，也不会试图报复。因为别人的成功不会威胁到他们，他们会热情地为你加油。当遇到更不幸的人时，他们是真正有同情心的，通常会尽力帮助别人。当需要帮助的时候，你应该求助于这样的人。

　　不幸的是，你遇到的大多数人要么拥有怨恨的内核，要么拥有受伤的内核。但，除非你像一束光射进黑洞一样被拉入他们的核心，否则和他们交往不一定会让你做出自我挫败的行为。如果你能正确地应对，你也许能和他们建立一段令人满意的关系。记住，改变是他们的责任，不是你的。

> **可用的洞察：**
>
> 避开拥有怨恨内核的人，理解拥有受伤内核的人，寻找拥有健康内核的人。

采取行动

如何与拥有怨恨内核的人相处

- 如果你避不开他们，那就接受你无法改变他们的事实。
- 不要和他们太亲密或太信任他们。
- 不要被骗去和他们竞争。你不可能赢过一个不会输的人。即使你赢得了胜利，他们也不会让你享受胜利。
- 不要被吓倒，也不要不敢追求自己的最大利益。
- 不要和他们争吵或辩论。你只需想一个公平合理的行动方案，并坚持到底即可。

如何与拥有受伤内核的人相处

- 要明白，他们表现得受伤并不意味着你在伤害他们。
- 不要被他们的情绪所困，也不要认为自己有责任让他们开心起来。
- 记住，你没有能力让他们快乐。
- 试着冷静客观地对待他们。
- 提前阐明你期望他们做出什么行为，表现出什么态度，以及他们可以对你怀有什么样的合理期待。

03
拖延

> 晚上开始做总比什么都不做要强。
>
> ——英国谚语
>
> 拖延是保持昨天状态的艺术。
>
> ——唐纳德·罗伯特·佩里侯爵
> （DONALD ROBERT PERRY MARQUIS）
>
> 孤独……是并且一直是每个人的核心和不可避免的体验。
>
> ——托马斯·沃尔夫（THOMAS WOLFE）

在一次研讨会上，我向500名男女听众提问：他们最频繁的三种自我挫败行为中是否有拖延，并请他们举手表示赞同（有拖延）。将近90%的人举起了手。

几乎每个人都会把今天能做完的事拖到明天去做，甚至连研究自我挫败行为的专家也不例外。这些年来，每当媒体引述我的话时，人们都会对我说："你应该写本书。"这让我受宠若惊，但也让我感觉很糟糕。我知道我应该写一本书。我想写一本书。我甚至已经开始了。但是，我总有理由推迟这项工作。我嘲笑自己说："你连自己的懒惰都克服不了，怎么帮助别人改变呢？"

然后，我意识到了是什么在阻碍我。我总是一个人。这种独自一人的长时间的紧张工作似乎令我无法忍受。意识到这个问题后，我知道自己该怎么做了：找一个搭档，一起合作。从那时起，这本书的写作变得既流畅又有趣。

当然，人们拖延的原因有很多，比如自我怀疑、无聊、害怕失败、心理上没有准备好或实际上没有准备好，等等。但这些感觉本身并不一定会导致拖延。通常导致拖延的决定性因素是，独自一人做事，没有人帮助你、支持你，或者鼓励你。你可能会咒骂自己懒惰、懦弱或缺乏自信，但其实你真正的障碍可能是孤独，尤其是当你拖延的任务是要你独自完成的任务时。

这个问题通常源于过去的经历。例如，当一个孩子尝试着迈出第一步时，她会在掌控的兴奋和未知的恐惧之间摇摆。当她感到兴奋时，她不需要任何人的帮助。但，一旦她感到害怕，她就会回头看她的父母，以恢复安全感，增强自信心。父母说的那句"没关系，别害怕，你能行"会帮助她继续前进。但如果她回头看的时候，没有找到父母，没有得到支持，那么她很有可能会跌倒，重新恢复到爬行。只要是她需要独自一人来完成这一挑战，她就没有做好走路的准备。孩子每次面对一项困难任务的过程都与之类似。如果没有成年人提供安慰和支持，孩子就会把挑战和孤独的痛苦联系在一起。

一个孩子如果得到了鼓励、引导和安慰，那么他长大后就会拥有成年人应该具备的自信、常识和韧性，当遇到困惑的时候，他可以发挥这些特质解决问题。相反，如果独自一人做事触发了脆弱和恐惧的情感记忆，那么成年的他就会倾向于拖延。

克服孤独引发的拖延的关键是获得他人的支持。

当一个拖延者和其他人在一起的时候，他会变成一个积极的人。这就是为什么人们会寻找慢跑的伙伴，加入学习小组和与他人合作。这也是为什么像匿名戒酒互助会这样成功的自助组织会依靠"监督人"来帮助苦苦挣扎的成员渡过难关。

如果没有搭档，那么试着找一个能激励你努力的人。我就是这样做的，举个例子，有一位女士的博士论文已经拖延了三年。于是我每天早上9点给她打电话，问她一些问题，例如："你在办公桌前吗？你下一步打算做什么？完成之后你会做什么？"我让她每工作一个小时就给我留言。看上去似乎没有必要这样对待一个有责任感的成年人，但它确实起了作用。和我们大多数人一样，她不介意忍受一些监督，只要她不必独自忍受这一切。

如果你找不到真正的搭档或监督者，那么试着想象一个你不想令他失望的人，比如慈爱的父母、祖父母、朋友或老师，你还可以想象，当你终于完成了一直以来在逃避的事情时，他们会对你说："干得好，你做得很棒。"即使只是想象另一个人为你提供支持，这也可能推动你完成原本会拖延的事情。

> **可用的洞察：**
>
> **我们拖延不是因为懒惰,而是因为孤独。**

采取行动

- 因为拖延而灰心丧气,不要再将时间浪费在这上面了。
- 不要再说:"下次会不一样的。"
- 和一位搭档一起工作。
- 或者,向一个支持你的朋友寻求帮助,当你努力开始一项任务时向他汇报。
- 作为回报,主动提出帮助朋友完成他想做的某件事。

04
期望别人能理解你的感受

> 没人能够真正理解别人，没人可以安排别人的幸福。
>
> ——格雷厄姆·格林（GRAHAM GREENE）

42岁的历史学家珍妮特·莱克（Janet Lake）从大学里休假，去写一本教科书。为了缓解自己的孤独，她经常组织聚会，并且每次都接受别人的邀请。她抱怨说，她不得不恳求她的丈夫罗伯特一起参加。罗伯特认为这给他带来了压力，侵犯了他的隐私，并贬低珍妮特，说她拥有"过度的社交需求"。珍妮特还抱怨说，她的丈夫参加聚会时表现得粗鲁又不友好。于是，作为"回报"，罗伯特指责她"吹毛求疵"。

莱克夫妇来见我时，这个问题已经威胁到了他们七年的婚姻。显然，双方的感觉都是合理的，都觉得自己有权被理解。但，显然，谁也无法理解对方。他们之间的差异如此之大，仿佛两个人来自不同的行星。让事情更紧张的是，双方都确信对方能理解，只是不愿去理解。

"你不明白"是人与人之间最常见的一种指责。被误解是令人恼火的，因此我们一遍又一遍地解释自己。一遍又一遍。然后，沮丧升级为愤怒，因为比不被理解更令人心烦的是，感觉到对方甚至没有试着去理解。我们的感觉对自己来说是完全显而易见的，所以对他们而言也一定是显而易见的。他们只是太固执了。他们不在乎！所以我们试图强迫他们去理解，这让他们感觉自己被逼到了墙角，两个人都变得很愤怒。如果他们之前没有心情去理解，现在肯定也没有。

> 人的理解由于掺杂了自身特点，犹如一面失真的镜子，无规则地接收光线，从而歪曲了事物的本质。
>
> ——弗朗西斯·培根（FRANCIS BACON）

认识到这一点很重要，因为我们透过个人价值观和观念来认识现实，误解是不可避免的。有时候我们不可能理解另一个人的想法或情绪，但体会到别人的感受却是有可能的。

在内心深处，我们每个人对爱、情感、尊重、安全感、自我表达和其他基本需要的需求都是一样的。当这些需求没有得到满足时，我们会感到愤怒、恐惧、悲伤、痛苦或产生其他普遍的情绪。通过关注这些共同的感受，你可以获得比理解更深刻、更有意义的东西，那就是同理心。同理心是无价的，因为它总是能化解敌意。从心理学上讲，如果你和某人拥有同样的感受，你就不可能对他生气。

激发同理心的一个有效方法是用类比法把一个人的感受翻译成另一个人的语言。面对莱克夫妇，我首先向罗伯特描述了一个假设的情境，他是一家工程公司设计团队的负责人，这个情境与他的工作有关：

"如果你参与了一个大项目,而你的团队中有人对你的客户很不友好,你会有什么感觉?"

罗伯特承认,他会感到气愤,也许还会感到羞辱,因为他同事的行为可能会损害他自己的声誉。在我的引导下,他发现了这与他妻子的经历的相似之处。珍妮特为拥有能把人们聚在一起并激发人们交谈的名声而感到自豪。在她眼里,罗伯特的粗鲁行为对她产生了不好的影响,并威胁到了她重视的东西。因为友谊对她而言就像商业关系对罗伯特而言一样重要,他的不爱交际的行为带给珍妮特的感觉就和他在想象情境中的感觉完全一样。当罗伯特明白这一点时,他的态度明显软化了。"我很抱歉。"他说道。

莱克夫妇在互相同理的道路上已经走过了半程,现在珍妮特必须体会她丈夫的感受。

我已经清楚地看到,罗伯特抗拒社交是因为他在面对物体和数字时比面对人,尤其是陌生人时更自在。他把社交活动看得无足轻重,表现得好像珍妮特无权要求他参加似的,这样他就能掩饰自己的不足,为自己的不努力找借口。

为了帮助珍妮特产生同理心,我提出了一个同样敏感的话题——她作为父母的技能:"假设每次你带孩子去托儿所,他们都在别人面前表现得令人讨厌。假设不管你怎样努力,他们还是会做出不恰当的行为。你会有什么感觉?"珍妮特说她会感到羞愧。她会觉得自己太不够格了,以至于为了不让自己尴尬,她可能会避免被人看到她和孩子们在一起——就像罗伯特因为感觉自己社交能力不足而需要避免和别人在一起一样。然后，为了帮助她体会丈夫在被批评后感受到的痛苦，我问她，如果她自己的母亲审视她的教育方式，并对她的不足之处发表评论，她会有什么感觉。"我会变得紧张和慌乱，我会非常讨厌这样。"她承认道。罗伯特在聚会上就是这样。

如果说类比法修复了莱克夫妇之间的关系，那就太夸张了。不过，这么做确实改变了气氛，让他们从反感对方变成彼此之间拥有同理心。他们现在冷静地站在相同的立场上，可以像成年人一样讨论他们之间的分歧。

> 理解不是为了证明和寻找理由，而是为了了解和相信。
>
> ——托马斯·卡莱尔（THOMAS CARLYLE）

无论何时，当误解出现时，这个方法都可以使用，并且它对处理两性关系尤其有用。在这方面，我发现有几种类型的类比特别有效：对男性来说，最重要的是事业和对自主的需要；对于女性来说，最重要的是关系问题和亲密的需要。一般来说，不论他们的职业、地位或价值观如何，男性和女性都倾向于在这些领域寻求认同和尊重。对于一个男人来说，失去工作可能会让他产生一种无价值感，就像失恋的女人一样。一个男人被困在一份没有前途的工作中所感受到的挫折感，堪比一个女人被孩子和家务束缚时所感受到的挫折感。男人对被羞辱的恐惧，与女人对被抛弃的恐惧相类似。

感受比意义更有力量。如果你愿意努力去体会别人的感受，并帮助他们体会你的感受，那么你们可以用类比法来创造同理心。

> **可用的洞察：**
> 当他们不理解的时候，让他们体会你的感受。

采取行动

- 如果不被理解让你感到沮丧，与其变得充满敌意，不如停下来，试着用另一种方式表达自己。
- 与其说教、批评或做理性分析，不如试着用类比法来帮助他人体会你的感受。
- 首先，识别自己的情绪。确认清楚自己的感受及其原因。
- 设想一个能让对方和你产生相同感受的情境。当类比符合某个人的性格和所处的环境时，它最有效。
- 问问他/她在那种情况下（设想的情境中）会有什么感觉。不要指责，用一种平和的语气表达。
- 一旦对方承认了类比情境中的感受，问问他/她是否能在你身上看到类似之处。你可能需要提醒对方："当你在我们的朋友面前批评我的时候，我的感觉就像你在……"
- 交换角色，想象一个你能体会对方感受的情境。
- 让对方知道你理解他/她的感受。你可能会看到敌意消失，两个人开始更坦诚地交流。

05
迟迟等待直到为时已晚

> 朝闻道,夕死可矣。
>
> ——孔子(CONFUCIUS)

1991年,我和我的同事目睹了一种"流行病"的传播,我把它称为"迈克尔·兰登马里布流行病"①。当这位强壮、有男子气概的演员患上晚期癌症时,一种"如果这种事发生在他身上,那么它也可能发生在我身上"的想法像病毒一样蔓延开来。一时间,医生和心理治疗师被大量的电话所淹没。

不幸的是,往往只有遇到了悲剧,我们才能诚实地看待自己的生活。悲剧会促使我们重新评估和感到后悔,但有时为时已晚。也许最常见的例子就是把大部分精力投入到事业上的上进的男人。然后,某个认识的人去世了——通常是父亲、导师或同辈人——或者这个男人自己患上了一种与压力有关的疾病。他开始意识到自己需要另外一辈

---

① 迈克尔·兰登是一名演员,1991年7月1日于加州马里布去世。——编者注

子的时间才能读完他想读的书。他的孩子已经长大，而他并没有参与到他们成长的过程中。多年来，他和妻子从未有过亲密的时刻。现在，他明白了这句经常被人重复的话的智慧所在："没有哪个垂死的人会希望自己在办公室里多待些时间。"

我见过成年男女像婴儿一样哭泣，因为他们的父母在他们能够和解、原谅或充分表达爱和感激之前就去世了。有一位女士与她的母亲断绝了关系，她的母亲在她（这位女士）生命中的大部分时间里都在贬低和批评她。为了保持理智，她躲避了母亲十五年。当她从一位亲戚那里得知她母亲已经去世时，她惊讶地发现自己内心涌起了温暖的感情。她的想法第一次没有被愤怒所左右。相反，她被悔恨淹没了。"把我母亲赶出我的世界是一场空洞的胜利，"她说道，"这避免了伤害，但也断绝了我和她建立积极关系的机会。"

> 我想我一点也不后悔年轻时做出了"过度的"反应——我唯一后悔的是，在冷静下来之后，我没有拥抱住某些机会和可能。
>
> ——亨利·詹姆斯（HENRY JAMES）

我人生中最感伤的时刻之一发生在就读医学院期间，当时我在一家养老院做兼职。在重症病人居住的一楼，有一个男人整天弯着腰坐在轮椅上，痛苦地自言自语。我看了看他的信息登记表，惊讶地发现他是一位著名的州最高法院法官。我问护士长为什么这个人没有访客。她回答说，他疏远了生活中的每一个人。

住在楼上的布龙斯坦先生（Mr. Bronstein）活力十足，他的生活也是充满乐趣，这让我好奇他为什么会住在养老院。他解释说，他的妻子住在一楼。移民到美国后，这对夫妇曾一起做过裁缝生意。他们经历了大萧条和二战，养育了三个令他们自豪的孩子。他的妻子中风了。她再也不能说话，不能控制自己的排尿或排便，也认不出自己的丈夫了。然而，布龙斯坦先生每天早晨都给她整理床铺，给她洗澡，给她编辫子。"人们问我为什么要做这些事情，"他告诉我说，"我的回答是，'还有什么比这更重要？她是我的人生伴侣，如果得病的人是我不是她，她也会为我做这些事。'"

很有可能，布龙斯坦先生去世的时候毫无遗憾。我在想那位法官有没有那么幸运。他取得了伟大的成就，但如果有人问他，人生如果能重来一次，他是否会做些不同的事情，也许他会像泰·柯布（Ty Cobb）那样回答："我会交更多的朋友。"

你已经知道对你来说什么才是重要的，但是为了不打破现状，你可能已经把它排除到了你的意识之外。如果需要一场死亡或一场危及生命的疾病才能唤醒你，那可能就太晚了。

可用的洞察：
你不必等到某人去世才意识到什么是重要的。

采取行动

- 想象一下你活到了80岁，正在回顾你的人生。

- 问问自己，怎样才能让你觉得自己活得有意义。
- 如果你继续现在这样的生活，到了80岁的时候，你能说所有重要的事情都已经解决和完成了吗？
- 从今天开始，你能做些什么不同的事情，让你在80岁时达到自己想要的状态？
- 开始做。

06
生气到让事情变得更糟

> 愤怒是短暂的疯狂。
>
> ——贺拉斯（HORACE）
>
> 握紧拳头的时候，没有人能清楚地思考。
>
> ——乔治·吉恩·内森（GEORGE JEAN NATHAN）

玛丽安娜（Marianne）是一部电视剧中唯一的女性编剧。她的性别从来都不是问题，她一直被平等对待。之后她休了产假。但当她回到工作岗位时，她发现她的想法不再被人们认真考虑，她的新任务配不上她的技能和经验。这就好像，在她不在的时候，她被降职了。

玛丽安娜坚持母乳喂养，使得问题变得更加复杂。每次她为挤奶而找借口离开时，她的一位同事都会发出"哞"的声音，而其他人则会开有关胸部的玩笑。玛丽安娜被激怒了，但她知道，如果她对同事发火，她会强化那种产后女性无法与他人相处或开不起玩笑的刻板印象。发脾气也无法让她达到自己的目的，即重新赢得她之前所拥有的尊重。

> 愤怒和愚蠢同行。
>
> ——本杰明·富兰克林（BENJAMIN FRANKLIN）

当然，玛丽安娜是对的。发泄愤怒可以让你获得暂时的解脱，但事后往往容易后悔，而且可能会失去道德高地。相反的选择——压抑愤怒——同样危险，因为这种感觉会恶化，可能会导致抑郁或心身疾病。正如我告诉玛丽安娜的，还有第三种选择：把愤怒化为信念，并以原则为底线采取行动。这样做可以让你拥有清晰的思维能力、勇气和力量，从而采取有效的行动。

我建议玛丽安娜思考一下她的同事们正在违反的原则，并找到一种方法支持这些原则。于是，她找到机会对大家说："我想我们都同意，我们应该表现得专业，平等对待彼此。所以，如果你们认为给我的孩子准备食物是一种不专业的分心行为，那么我就不这么做了……但是有一个条件：你们不再接私人电话，不再谈论你们的约会对象，不再打断会议讨论足球。彼此彼此。没有别的意思。"

> 我明白你话里的愤怒，但不明白你说的话。
>
> ——莎士比亚（SHAKESPEARE）

玛丽安娜怀着坚定的信念，加上一点幽默，用行动制止了这种无礼的行为，同时又没有损伤自己的尊严。然后她能够诚实、有力地提出其他问题，比如她的责任减少了。如果她表现得受伤或具有防卫心，她会失去更多的尊重——甚至可能失去自己对自己的尊重。

无论何时，只要你能超越个人情感，坚持你所看重的价值观，你就能获得比反击带来的快感更棒的东西：信念的勇气和力量。

可用的洞察：
愤怒使你疯狂，但信念使你坚强。

采取行动

无论你面对的是无礼的同事、固执的配偶、不听话的孩子，还是厚颜无耻的恃强凌弱者，下面我将教你如何把愤怒化为信念：

- 冷静下来。不要冲动行事，花点时间反思一下情况。
- 问问自己，是什么让你生气。答案通常是你认为不公平或不合理的事情。
- 找出对方违反的原则，并用语言表达你的信念。
- 找到一种能够支持你的原则的最好、最有创意的方式。

07
当你想说"不"的时候说"好"

> 我的不幸,恰恰在于我缺乏拒绝的能力。
>
> ——太宰治(DAZAI OSAMU)

当贝姬(Becky)和安(Ann)决定一起写一本书时,贝姬高兴极了。安不仅是一位作家,而且是她最好的朋友。贝姬买了一台电脑,把闲置的卧室改造成一间办公室,然后这对新搭档开始了工作。

她们之间很快就形成了一种模式。安负责确定议题,主导整个过程,她会在房间里踱来踱去,就像一个控制不住自己活跃想象力的疯狂天才,而贝姬则负责坐在电脑前面打字。当她们需要去做一些乏味的事情时,安认为应该由贝姬去做。当安问贝姬一个问题时,她的口气听起来像是在对下属说话,而不是平等地征求意见。贝姬的想法经常遭到安的怀疑或嘲笑。她开始害怕和安一起工作。

安的行为是不恰当的,而贝姬的行为是自我挫败的。她非常害怕安会取消这个项目,以至于她无法坚持自己的主张。与此同时,她无法在执行安的计划时不感到气愤。贝姬没有说"不",所以,实际上她是在说"好",就这样让安继续侮辱她。更自我挫败的做法是不告诉对方,而让愤怒和沮丧累积。最后,贝姬爆发了:"你对待我就像老板对待下属一样。"她喊道,"你是一个骄傲的、自以为无所不知的家伙!"

问题解决了。但一段充满希望的合作关系和曾经美好的友谊也结束了。

无法毫无恐惧地说"不"或毫无怨恨地说"好"是人们经常遇到的一个困境。例如,一个养家糊口的人可能会害怕,如果他缩减家庭开支,他将失去家人的爱。但如果他不这样做,他可能会认为家人把他的付出当成理所应当,因此感到气愤。与药物滥用者生活在一起的人知道,如果不让他们服用药物可能会导致他们爆炸式地发脾气或孩子气地指责。但如果同意他们服用药物,他们又会怨恨自己被操控。

如果你发现自己处于这样一种境地:不想默许一种不可接受的行为,但又害怕提出反对,那么你可能会试图避开那个人。当然,如果他一定会出现在你的生活中,那你是做不到这一点的。但你又不想继续忍受这种情况。唯一的出路是对他说"停"。但请记住,时机很重要。如果你等太久才开口,对方会觉得被冒犯了,反过来会对你说:"所以,你一直都憋在心里。你真够虚伪的!"或者,会像贝姬曾经的搭档回答的那样,"难道我懂读心术吗?我怎么知道这种态度让你这么烦恼?"

如果贝姬在她的受挫感达到爆发点之前就采取行动,她可能可以避免情绪上的爆发,对安说出类似这样的话:"也许我应该早点说出来,我们一起工作的方式让我觉得心烦意乱。我知道你懂的比我多,但我也有一些贡献,当你不认真看待我的想法时,我会非常沮丧。我希望在合作的时候，你能像对待一个真正的伙伴一样对待我。"

关键是要留意到受挫的早期预警信号，比如越来越不想看到对方，意识到只有你对对方表达支持，而对方没有，或者感觉自己总是像一个懦夫一样退让。

当别人做出不公平或不合理的行为时，你不必附和。如果你支持他们，那么要说清楚你是在帮他们的忙，而且你希望得到一些回报。

> **可用的洞察：**
> 当你不能毫无恐惧地说"不"，或毫无怨恨地说"好"时，是时候说"停"了！

采取行动

- 要意识到，不愿意附和并不代表你是固执、刻薄或目中无人的。
- 要明白，不说"不"可能会被对方理解为"好"，由此强化你不想要的行为。
- 向对方提出意见一定要选择适当的时机。
- 客观冷静地表达你的不满。
- 阐述某种行为是如何伤害或挫败你的，不要指责或评判对方。
- 承认你对这个问题也负有一定的责任。
- 具体阐述你希望未来会有什么样的变化。
- 像提出建议或请求那样说出自己的想法，而不要让对方感到你是在发出最后通牒。

08
心怀怨恨

> 弱者从不原谅。宽恕是强者的属性。
>
> ——圣雄甘地（MAHATMA GANDHI）
>
> 没有比宽恕更彻底的复仇方式了。
>
> ——乔希·比林斯（JOSH BILLINGS）

"宽恕并忘记"听起来是一个不错，但很难做到的建议。尽管我们的出发点是好的，但当到了紧要关头，我们最后所做的，却还是不宽恕，不忘记。

不宽恕常常相当于继续指责。责备他人是一种强大的防御机制，实际上是为你的愤怒和沮丧找到一个目标。它能让你避免承认自己的不足之处。然而，把你的问题归咎于别人会使你处于被动的位置。被免除责任的感觉是很好，但你也会因此无法采取措施来改善现状。

同样的，不忘记等同于继续记住。这也是一种自我保护。你认为牢记过去的伤害能让你不放松警惕，从而保护自己不再次受到伤害。

但问题是你的警惕会让你变得非常紧张和谨慎，以至于别人会发现和你打交道太过费力。最终你是安全的，可能也是孤独的。什么时候忘记是安全的？当你掌握了防止再次受伤所需要知道的一切时。

艾伯特（Albert）是一位雄心勃勃的年轻主管，他密切关注着公司内部的一个晋升职位。在他试图给上司留下好印象，使自己获得竞争优势的那段时间里，他和妻子雪莉（Sherry）参加了公司的一场活动。雪莉是一位随性的艺术家，那天晚上她喝多了，她的轻率言辞令艾伯特很尴尬。当其他人获得晋升，坐上艾伯特想要的位子时，他开始责怪他的妻子。在之后将近一年的时间里，为了避免再次感到尴尬，他都是独自参加社交活动。而且每当他对自己事业的缓慢进展感到沮丧时，他就会提醒雪莉这件事。他持续的怨恨对这段婚姻的存续产生了威胁。

后来，在年度评估中，艾伯特的老板详细地告诉了他为什么他的事业停滞不前，以及为了获得晋升他必须做些什么。当然，这是因为他的工作表现，而不是他妻子在活动中的言辞。他意识到自己一直在浪费精力责怪雪莉。最终，当他的工作情况改善了，前景也变得更加光明时，他能够做到原谅了。于是他采取了下一个行动，理性地向雪莉表达了他的担忧。雪莉也承诺今后参加他的公司活动时不再喝酒，并且注重仪表。当他相信过去不会重演时，艾伯特能够做到原谅，也能忘记了。

> 宽恕应该像一张作废的票据——被撕成两半，烧掉，再也无法向任何人出示。
>
> ——亨利·沃德·比彻（HENRY WARD BEECHER）

宽恕的最好方法是停止怨恨的想法，专注于实现重要的目标。如果你继续前进，创造出了令人满意的生活，你就会更少感到沮丧和愤怒。你会更愿意为自己的行为承担责任，你的责备之心也会消失。你不会希望因为自己不友好的行为而破坏你的幸福。从本质上来说，在你的生活中取得进步将比报复更重要。

忘记的最好方法是改善你的行为和环境，直到你觉得足够安全，可以放下痛苦的记忆。如果过去某个人曾让你感到心烦意乱，那就试着和那个人达成协议，这样你就有足够的理由相信这种事不会再发生了。这是个不错的方法——找出是什么让你变得脆弱，然后改变你的态度或行为。当意识到即便这种情况再次发生，自己也能好好地应对时，你就能够做到忘记和原谅了。

可用的洞察：

当我们不再需要责备时，我们就会原谅；当我们不再需要回忆时，我们就会忘记。

> **采取行动**

- 问问自己，不原谅和不忘记让你付出了什么代价。
- 告诉对方他做错了什么，以及你需要他未来怎么做才能感到安全。
- 问问你自己，你对这个问题负有什么责任。
- 总结一下，为了防止这种情况再次发生，你需要吸取什么教训。
- 继续过你的生活。如果你创造出了一个更令你满足的未来，你会发现自己更容易忘记过去。

09
认为别人不求任何回报

> 在向朋友借钱之前,你要想清楚自己更需要什么,钱,还是朋友。
> ——艾迪生·H.哈洛克(ADDISON H. HALLOCK)

希拉里(Hillary)非常想完成研究生学习,成为一名心理治疗师。由于缺钱,她已经休学三年了。在此期间,她在一家会计公司工作,同时学习她能负担得起的所有课程。后来,她走运了。她的姐姐和哥哥在生意上突然取得了成功,愿意为她支付学费。"我们只要你能完成学业,取得成功,"他们和蔼地说,"这就是我们想要的全部回报。"

从表面上看,他们信守了自己的承诺:他们并不指望希拉里把钱还给他们。但她发现,自己欠下了其他更微妙的债务。突然,她的哥哥、姐姐期望她到全国各地旅行,与家人相聚,而且,他们还期望她一有机会就表达她有多么感激她的赞助人。在希拉里接受心理学培训期间,她的哥哥、姐姐会定期给她打电话,和她讨论有关他们的孩子、配偶和彼此之间的问题。他们通过让希拉里公开表示感谢和提供免费的建议,得到了相同价值的回报。他们很慷慨,但并不完全无私。"如果我早知道他们对我的期望是什么,我会选择从银行贷款。"希拉里说道。

希拉里发现了"天下没有免费的午餐"在情感上的表现。不管是有意识还是无意识,几乎每个人都会记住别人的帮助和付出,而且每个人都对被人克扣很敏感。别人的给予是有附加条件的,而且可能是完全等价的,比如过生日的人会期望你买给他的生日礼物和他买给你的生日礼物等价。其他时候,他们对我们的期望是很微妙的——也许是期望我们过度地表达感激,或者是我们行为上的改变——我们最终会感到困惑、被背叛和被操纵。如果这种情况经常发生,我们可能会变得愤世嫉俗,开始表现出"不要帮我任何忙"的态度。

为什么我们想要相信给予我们东西的人不求回报?因为我们永远渴望得到无条件的爱。我们想要对方只是因为我们的存在而给予我们东西——就像我们小时候(在我们长大,人们开始要求回报之前)曾经感受过或渴望感受到的那样。当人们给予我们东西,并暗示他们不求任何回报(通常是出于礼貌)时,这种想法会唤起孩童时的感觉,让我们觉得自己得到了珍视,觉得自己对于他们来说是一个特别的人。这也难怪我们会相信别人不求回报。这就是为什么,当我们发现实际上有附加条件时,我们不仅感到被背叛和生气,而且感觉自己很愚蠢,因为自己用一个幼稚的愿望欺骗了自己。

当你接受别人的慷慨付出时,你可能欠下了一笔你自己都不知道的债,如果你不偿还,你就会因为一些你无法理解的原因而受到惩罚。为了防止这种情况发生,最好假设对方期望你给予回报。你可以对对方说:"我希望有一天我也能为你做同样的事。"即使他们坚持说他们什么都不想要，你也要想象一下如何给予公平的回报，并且做好准备，以防万一。一般来说，假设对方对你有很高的期望比假设对方有很低的期望更安全。否则，你可能认为自己已经偿还了债务，但后来发现并没有。

在一开始就试着确定对方的行为是一份礼物、一次帮助还是一笔贷款。不同性质的行为附带着不同的责任。如果是一份礼物，那么你至少需要感谢对方；如果是一次帮助，那么当对方需要帮助的时候你也需要伸出援手；如果是一笔贷款，那么你需要还以金钱或实物。

当你是给予者时，这三者的区别同样重要。不要欺骗自己，认为自己是圣人，乐于奉献，不求回报。如果你不清楚自己真正期望得到什么，你就可能会把自己看成受害者，从而危害到人际关系。你甚至可能会收回你的信任和感情，而你和对方都不知道发生了什么。

> **可用的洞察：**
> 别人的给予总是有附加条件的。

采取行动

- 要假设人们总是期望得到一些回报，并且不要因为这种认识而产生怨恨。
- 判断对方给予的是礼物、帮助还是贷款。
- 如果这是一份礼物，一定要表达你的感激之情，也许还要找个机会回赠对方礼物或表达你的体贴之情。

- 如果这是一次帮助,那么记在心里,在适当的时候帮助对方以作为回报。
- 如果这是一笔贷款,那么讲清楚你打算以什么方式、在什么时候、用什么偿还。

10
凡事追求安全

> 一个人如果不愿意在海上漂泊很久,是不会发现新大陆的。
> ——安德烈·纪德(ANDRÉ GIDE)

一个来自非工业文明部落的人被带到了纽约市。当有人问他有什么感想时,他悲伤地说他在街上看到的每个人都在往下看。"他们看不到天空。"他说道。

他的这一观察捕捉到的是:当我们不去冒险时,我们会错过一些东西。如果你在曼哈顿的街道上穿行,或者在高速公路上开车,那么,那句熟悉的"注意前方道路"是有意义的。它告诉你要留心障碍物,这是一个好建议,但如果你把它当作生活的准则,那就完蛋了。这会让你过于谨慎。你会放慢速度,甚至完全失去方向感。是的,在某些情况下,安全总比后悔好。但如果你总是追求安全,你最终肯定会后悔。

乔纳森(Jonathan)在快四十岁的时候是一名非常成功的软件设计师。从表面上看,他过着理想的生活:在比弗利山庄有一栋大房子,有一位既漂亮又成功的妻子,有两个让他感到自豪的孩子,获得了一些知名的奖项，还有一份高到当报纸报道出来的时候让他感到不好意思的年薪。但是，乔纳森并不快乐。十四年前，作为一个大胆的年轻创新者，他的大胆想法在硅谷引起了轰动。当他创造的早期产品获得巨大成功时，他与一家大公司签订了长期合同。后来，他安顿了下来，稳定了，有声望了，开始管理一个生产优质但安全的产品的部门。他已经学会了如何满足消费者和股东的需要，他不再富有冒险精神，这让他很烦恼。"我已经失去了我的创意优势，"他哀叹道，"我曾经是个梦想家。现在我是个整天和数字打交道的人。"

> 那些梦幻的光辉，逃到了哪里？那些荣耀与梦想，现在又在何方？
> ——威廉·华兹华斯（WILLIAM WORDSWORTH）

乔纳森已经很擅长盯着路面谨慎前行，可现在他再次涌起了年轻时的渴望——去往自己向往的地方。

小心谨慎地盯着路面前行是出于恐惧；而去往你向往的地方是因为渴望、自信和憧憬。如果你知道自己可以应付任何可能出现的裂缝和颠簸，你就不必一直盯着路面。相反，你可以朝着自己的目标全速前进。

追求安全或冒险的倾向通常形成于童年时代。所有的孩子都有冒险精神和好奇心。如果，当他们受伤或出错时，他们的父母做出愤怒的回应，比如，"别让我再看到你那样做"，或做出害怕的回应，比如，"别那样做，否则你会受伤"，那么他们成年后，很可能会行事都追求安全。当他们想做一些冒险的事情时，他们的情绪记忆会轻声说："你会后悔的。"相反，如果他们的父母对他们说"回到那里，再试一次"，那么他们长大后通常会为了追求梦想而冒险。

> 一个人不能每天征服一种恐惧，那么他就学不到生活所教给他的东西。
> ——拉尔夫·沃尔多·爱默生（RALPH WALDO EMERSON）

那些乐于冒险的人知道，成长的最佳方法是超越自己。他们的方向感来自内心。他们不会避开令人惊讶的事，他们甚至可能会寻找这样的事情来做。他们很少带着遗憾死去。最终，他们不会后悔自己做了什么，而是会后悔自己没有做什么。

我的朋友提摩西·加尔韦（Timothy Gallwey）是《高尔夫的内心游戏》（*The Inner Game of Golf*）一书的作者，他让客户们闭上眼睛练习推杆。他说，这有助于他们更流畅地击球，因为他们被迫遵循自己的直觉。本质上，这也是我对那些想要改变生活方向的病人说的话：闭上你的眼睛，与你的内心世界保持联系，并开始跟随它的指引前进。你可能偶尔会遇到挫折，但你会尝到更多生活的滋味。而且，你将看到天空。

可用的洞察：
不要盯着道路前行，而要去往你向往的地方。

采取行动

- 想一下你曾经在什么时候是乐观和理想主义的。
- 让这个年轻的自己以批判的眼光看待现在的自己。他/她是否认为你一直忠实于自己的梦想？
- 你的哪些未实现的梦想仍然具有意义？
- 问问自己现在能做些什么来回到正轨，并且没有不切实际。或者，什么样的新愿景能将你曾经梦想拥有的感觉和经历具体化？
- 完成这句话："如果现在我能改变我的生活，我将会_____。"
- 试着把你的恐惧转化为机会。（当被问及为何能打出这么多本垒打时，有"日本贝比·鲁斯（Babe Ruth）"之称的王贞治（Sadahara Oh）曾说，他并不把对方的投手视为对手，而是把他们当作伙伴，能够帮助自己成为更好的击球手的伙伴。）

11
总是证明自己是对的

> 直到晚年我才发现,说一声"我不知道"是多么容易。
> ——威廉·萨默塞特·毛姆(W. SOMERSET MAUGHAM)
>
> 人类最令人恐惧的时刻,莫过于确信自己是正确的。
> ——劳伦斯·凡·德·普司特(LAURENS VAN DER POST)

一位沟通专家曾经做过这样的区分:"不知道自己在说什么的万事通是个蠢货。知道自己在说什么的万事通也是个蠢货。"不论你是否知道自己在说什么,表现得像个万事通都是一种自我挫败的行为。

汤姆(Tom)是一家杂志社的助理主编。当他的生活开始崩溃时,他找到了我。首先是,他没有得到梦寐以求的升职机会,因为他的上司告诉他,他"很难与其他人相处"。同事们都说他总是居高临下地对人说话。然后是,他的妻子提出了离婚。她称他是傲慢的浑蛋,总是认为自己是对的。

汤姆是由酗酒的父母抚养长大的,他们经常失控,这使得汤姆经常感觉自己有过错。作为一个成年人，有两种需求主导着汤姆与他人的互动：一是证明自己是对的（自己永远不是错的一方），二是始终掌控局面。在我们最初的几次会面中，我试图与他对话，或至少进行讨论，但结果总会演变成一场辩论。于是，我决定采取一种不同的策略：把时间都交给他，让他发言。这样做了几次之后，他问我为什么不打断他。"你似乎有很多话要说。"我回答道。他困惑了一会儿，开始变得好斗起来，然后局促不安地低下头，喃喃自语道："我在骗谁呢？"

汤姆的"无所不知"的行为注定会引发对抗，通过倾听而不是挑战他，我避免了和他进行争执。汤姆喜欢挑起事端，因为这样他就可以掌控局面。但他是一个正派的人，当他知道他所爱的和所尊敬的人都认为他傲慢、自以为是、无礼时，他感到很痛苦。他已经跌到了谷底，所以现在他愿意更诚实地看待自己。

> 一个人绝不应耻于承认自己犯过错误。相反，勇于认错只能说明，他今天比昨天更聪明。
>
> ——亚历山大·蒲柏（ALEXANDER POPE）

汤姆了解到，像大多数认为自己必须一直正确的人一样，自己的行为是出于自我保护。在内心深处，他相信这个世界在对他说："你不知道你在说什么。"相比证明自己是对的，他更想证明自己没有错。但他的态度如此咄咄逼人，给人的印象是具有攻击性的，而不仅仅是为了保护自己，就好像他希望别人同意，或者说顺从他的观点。他传达的信息不仅仅是"我没有错",更是"你错了"。

如果你在没有受到攻击的时候自我保护,对方就会觉得被攻击了。别人不会欣赏你,不会认为你是一个拥有鲜明观点、具有说服力的人,而是会厌恶你,认为你是一个固执己见的讨厌鬼。在专业的环境中,如果你足够幸运,特别聪明、具有才华或工作能力强,人们会容忍你的行为。但是,当你犯错误的时候,他们不会对你网开一面,不会伸出援助之手,因为他们要么会认为你不愿意接受帮助,要么就是想看到你一败涂地。

与汤姆不同,许多自认为无所不知的人从未吸取这些教训。毕竟,如果你认为自己一直是对的,你就无法学到任何新东西。这样的人把自己封闭了起来,因为知道和学习不会同时发生。

总要坚持认为自己是对的,这是不正确的。不仅如此,它还是不公平的,甚至是不可能的。它带给你的是轻蔑,而不是力量和尊重。相反,偶尔犯错并不会让你掉价,它会让你更有人情味,更平易近人。

可用的洞察:
当没有人攻击你的时候,自我保护会让别人觉得你在进攻。

采取行动

- 下次你觉得需要证明自己是对的的时候,问问自己,赢过对方是否如此重要,重要到足以令你冒着伤害他人和被人厌恶的风险去做。
- 寻求反馈。如果你表现得像个万事通,那么其他人要么会反击,要么会表现得毫无防备、被征服——然后避开你。

• 在证明自己没有错的时候，确保你没有让别人感觉他们错了。

• 承认并认可他人的意见和观点具有价值。

• 如果你冒犯了某人，那就承认你错了。这是重新建立联系的最好方式。

• 不坚持证明自己是对的，观察自己的感觉。你能接受这种感觉吗？记住，这样做的回报是你不会疏远别人。

• 与其做一个无所不知的人，不如努力去了解一切。他人的观点和当时情况的要求同样需要考虑在内。

12
盯着你的伴侣做错的地方

> 让我更宽容一点，让我对周围人的过错，睁一只眼闭一只眼，让我再多表扬一点。
>
> ——埃德加·艾伯特·格斯特（EDGAR A. GUEST）
>
> 当一个人在描述别人的性格时，会如此清楚地暴露自己的性格。
>
> ——让·保罗·里克特（JEAN PAUL RICHTER）

"为什么应该努力的是我呢？你什么都不愿意做！"

"什么？一直在改变的是我。我根本没有看到你在努力！"

这是夫妻治疗中的典型对话。为了减少关系中的摩擦，我们大多数人都愿意做一些事情来满足我们的伴侣，即使这些事情做起来并不容易——例如，改掉一个令人讨厌的习惯，帮忙做家务，或者试着控制我们的脾气。这些改变需要付出相当大的努力，但我们通常愿意尝试——如果我们认为我们的伴侣也在努力尝试的话。但是，如果我们的伴侣似乎不愿与我们一样付出努力，我们就会感到不满，自己也会变得不那么努力。

不幸的是，我们很容易注意到伴侣做错了什么，没有做到什么，并不关注对方为了改善关系而付出了多少努力。于是，自然而然地，伴侣也会这样对待我们，怨恨会不断循环，事态会旋转向下发展，直到双方都不再感谢对方的付出，双方都不再努力。

> 如果我们自己没有过错，我们就不会如此乐于注意别人的过错。
> ——弗朗索瓦·德·拉罗什富科公爵
> （FRANÇOIS, DUC DE LA ROCHEFOUCAULD）

和许多夫妻一样，罗斯·凯斯特勒（Ross Koestler）和南希·凯斯特勒（Nancy Koestler）夫妇也会为了钱而吵架。罗斯自小家境贫寒，靠自己的努力跻身中产阶级，他指责妻子花钱大手大脚。在生意不景气的时候，他对南希花的每一笔钱都提出了质疑。一旦他认为南希花钱大手大脚，就会大发雷霆。南希是一名自由摄影师，在一个富裕的家庭长大，她认为罗斯非常吝啬，宁愿把钱财囤起来，也不让自己或家人享受生活的乐趣。罗斯不相信南希的判断，这让南希感觉很受伤。

尽管存在问题，但夫妻双方都不想分开，并愿意为之努力。罗斯试着控制自己的脾气，不再对妻子的消费提出异议。南希则尽量只买生活必需品。但双方都没有意识到对方在努力。"他什么也没做。"南希说。"我什么也没做？"罗斯大声叫嚷道，"自从我们开始接受治疗，我一直在为这段婚姻努力，但我没看到你有任何改变！"

为什么我们会对伴侣的努力视而不见？有一个原因是，我们很难发现伴侣的努力。例如，如果他吃完夜宵后忘记洗碗，那么早上起床后你就能在水槽里看到证据。但是，如果他确实洗了碗，你又怎么会知道呢？违规行为不仅更容易被发现，而且我们会故意去寻找它们，因为它们会给我们一个借口，让我们减少自己的努力。它们也会让我们觉得生气是合理的。在长期关系中，愤怒会随着时间的推移而累积，我们有时会无缘无故地感到愤怒。毫无理由的生气会令人感到不舒服，所以我们会寻找证据，就像侦探寻找线索一样来证实自己的怀疑。不幸的是，寻找错误不仅会产生怨恨，还会阻碍我们珍惜彼此。

> 快些表扬对方。人们喜欢表扬那些表扬自己的人。
>
> ——伯纳德·巴鲁克（BERNARD BARUCH）

如果夫妻双方都关注了对方和自己付出的努力，那么经营这段关系就会容易得多。为了帮助夫妻做到这一点，我鼓励他们回答以下这些问题。这能帮助他们从互相对立转变为互相感谢。

- 你看到你的伴侣做了哪些具体的事情来改善你们的关系？
- 你能想出一件他/她为你做的事情吗？
- 为了让你开心，他/她做过什么自己不想做的事吗？
- 他/她有没有忍住不说你不喜欢听的话？
- 当他/她可能要做一些你无法忍受的事情时，他/她有没有努力控制自己不做？

- 他/她有没有试着改变你曾经抱怨过的习惯或行为模式？

为了进一步促进夫妻互相感谢的实现，我也鼓励他们具体说出自己所做的努力。例如，南希承诺，在购买超过50美元的东西之前，会征询罗斯的意见。罗斯答应控制自己的脾气，并准备一份家庭财务报表，这样南希就能清楚地知道他们的财务状况。这样，夫妻双方就都能看到对方付出的努力了。

努力经营一段关系意味着要做对双方最有利的事情，即使这件事情需要付出大量的努力。为了坚持下去，我们需要看到伴侣和我们一样努力奋斗。最后，重要的不是我们对彼此做了什么，而是我们为彼此做了什么，以及和对方一起做了什么。

> **可用的洞察：**
> 如果你真的想改善你们的关系，那么要看到伴侣付出的努力，而不是仅仅关注自己付出的努力。

采取行动

- 当你认为你的伴侣没有尽到他/她的责任时，问问自己，气愤和吹毛求疵对你或你们的关系是否有帮助。
- 实践这三个"A"："意识"（awareness）、"感谢"（appreciation）、"认可"（acknowledgment）：
  - 意识到你的伴侣付出的努力。试着去注意他/她为了经营好这段关系所做的小事。

- 感谢那些需要妥协和牺牲的努力——你的伴侣因为足够爱你才会尝试这样去做。
- 认可你的伴侣的付出。不要把感谢藏在心里。

• 在你运用三个"A"之后,你可能会发现你的伴侣的行为会自发地改变。有时候人们会做你不喜欢的事情是因为他们感觉不到自己被认可。

• 如果你仍然觉得对方的努力不够,那就问问自己,你的这种想法是否公平合理。

• 如果公平合理,那么试着把你的受伤和受挫的感觉告诉对方,但不要用批评的语气。

• 告诉你的伴侣你希望他/她做出什么改变。询问他/她是否认为这些改变是公平合理的,以及他/她是否愿意做出努力。

• 询问他/她是否有什么希望你做出的改变。

13
容忍对方违背承诺

> 愿这些欺人的魔鬼再也不要被人相信,他们用模棱两可的话愚弄我们;听来好像大有希望,结果却完全和我们原来的期望相反。
>
> ——莎士比亚(SHAKESPEARE)
>
> 我们根据我们的希望做出承诺,根据我们的恐惧采取行动。
>
> ——弗朗索瓦·德·拉罗什富科公爵
>
> (FRANÇOIS, DUC DE LA ROCHEFOUCAULD)

违背承诺是非常打击人的,因为它与我们内心深处的渴望之一——相信他人——发生了冲突。当我们还是无助的婴儿时,为了感到安全,我们需要信任我们的照顾者;现在,在成年后,违背承诺的行为可能会让我们联想起早期脆弱的记忆,让我们感到生气、缺乏安全感,有时候变得像孩子一样任性。

当违背承诺的人不承认他的错误时(往往是因为他们没有意识到是他们首先许下诺言的),我们会感到既沮丧又痛苦。为了让自己感觉舒服，他们会漫不经心地说些话来缓解你的紧张，减轻你的忧虑，或者，更自私地，让你别烦他们。他们没有意识到你打算让他们遵守诺言。因此，老板为了让员工拥有安全感会暗示他们可能获得升职，父母为了让孩子闭嘴会提议去迪士尼乐园，男人为了让女友安心，让自己沉浸在爱慕的喜悦中，会暗示和对方结婚。在他们看来，缓解尴尬的局面比可能的长期后果更重要。

当我们作为接受方时，有时，我们会不追究他们的责任。为了不惹是生非，维持他们基本的信任感，我们会用"哦，他只是犯了个错误"或"她一定是忘了"来为这种辜负找借口。我们这样做是因为我们很沮丧，处于爆发或崩溃的边缘，我们害怕失去控制。我们不愿意失去一个朋友，也不愿意造成一个难堪的场面，所以我们平复自己的情绪，对自己说没关系，下一次又热切地接受他们的承诺。

为习惯性违背诺言的人寻找借口一定是一种自我挫败的行为。如果你不承认自己有多难过，或者你把对方对你造成的伤害刻意地大事化小，那么违背承诺的人就会继续让你失望。如果，后来你与他对峙，他也只是会寻找借口，因为他知道你会再次让步——或者他会坚持说自己只是犯了个小错误，而不是承认自己做错了什么。

如果违背承诺者是一个"惯犯"，你最终会发现，当他又做出一个承诺时，你会退缩。当这种情况发生时，你要把这看成是一个信号，暗示自己不能再为对方找借口了，是时候划清界限了。第一步是问你自己："我是否已经沮丧到没有任何和解的希望了？这段关系是否重要到足以让我降低自己的期望，还是我现在就应该止损？"

如果你选择坚持到底,那么你必须准备好让这个人负责。试着在你还未生气到失去冷静前做这件事,并试着以一种不具威胁性的方式提出这个问题。有一个好方法可以在避免对峙的同时表明自己的立场,我把它称为"可伦坡防御法"(Columbo Defense)。就像彼得·福克(Peter Falk)在剧中扮演的著名角色(神探可伦坡)一样,你将身体前倾,不做眼神交流,挠一挠自己的头,表现得非常困惑。然后说,你可能是记错了,但你似乎记得对方曾经做出过某种承诺。当事实站在你这一边,但你又不想让对方难堪时,这是一种不会引起对立的引出话题的方式。

我有一个病人名叫曼迪(Mandy),她对她的男朋友汤姆就用了这种方法。有一次,汤姆取消了做沙漠水疗的长周末度假计划,他说:"我会补偿你的。明年春天我就没那么忙了,我们可以去夏威夷待一个星期。"眼看着春天快结束,夏天就要到了,曼迪还看不到旅行的踪影,于是她越来越恼火。她不能让汤姆再食言而不受到惩罚,但她知道,如果她发脾气或表达自己愤怒的心情,他就会开始防卫,指责她太苛刻。

于是,曼迪使用了"可伦坡防御法"。一天晚上,在美美地吃过一顿饭后,她对汤姆说:"你知道吗,我有点困惑。也许我记错了,但是我相信你说过今年春天你要安排一次去夏威夷的旅行。你还记得吗?"

汤姆知道曼迪真正的意思("好吧,你做出了一个承诺。我不会抱怨,但我会提醒你,给你一个机会让你行动起来。")。她的做法引起了汤姆的注意,赢得了他的尊重,除了兑现承诺和公然撒谎,他没有别的选择。最重要的是，这给了汤姆一个挽回面子的机会——"记住"承诺并最终兑现。

习惯性违背承诺的人通常认为自己可以侥幸逃脱。如果你不想成为一个受气包，就必须让他们知道辜负是要付出代价的，但要做好坚持到底的准备；如果他们说你是在吓唬他们，你就认输，那么你也就违背了对自己的承诺。

可用的洞察：

如果他们违背了太多的承诺，那就不要让他们做出任何承诺。

采取行动

- 当有人反复违背承诺时，试着让下一个承诺具有约束力，这样你就不会在对方应该兑现承诺的时候陷入困境。

- 明确说出你的期望："这听起来像是一个承诺。如果你不兑现，我就会觉得难过。那么，我可以抱多大希望呢？"

- 不要提起过去犯的错。这是在浪费时间，也可能导致争吵。

- 确定一个时间框架："我能指望这件事什么时候发生？"如果对方拒绝，你可以自己设定一个最后期限："我会在那个月第一天就提醒你的。"

- 如果这个人没有兑现承诺，那么用一种不具威胁性的方式提醒他。发挥机智和想象力比对抗或发出最后通牒更有效。

13 容忍对方违背承诺

- 如果交涉失败了,让对方知道不遵守承诺的后果。例如,你可以说"我要开始和别的男人约会了",或者"我再也不会相信你了"。

- 如果你按照这些步骤去做,违背承诺的人可能会变成信守承诺的人。然而,如果没有变化,他可能根本就不想信守诺言(与那些容易随便许下诺言但希望守诺的人相反)。你可能会不想再接受他的承诺了。

- 以身作则。如果你希望人们信守对你的承诺,那你就一定要信守自己做出的承诺。许下自己无法兑现的承诺与放过违背承诺的人一样,是自我挫败的行为。

14
当你还在生气的时候就试图去和好

> 声音中的暴力往往只是理智在喉咙里发出的临终哀鸣。
> ——约翰·弗雷德里克·博伊斯（JOHN FREDERICK BOYES）

在我作为人际关系专家获得了一些名声后不久，我发现自己在婚姻方面遇到了问题。在发生了一系列的小事情之后，我和妻子积怨已深，对彼此变得冷漠和敌视。有时我甚至害怕自己已经不再爱她了。一天晚上，我躺在床上沉思，她在我旁边看书。气氛很紧张。这种不愉快的状态持续了很久，我感到很沮丧，于是决定是时候和解了。我满怀爱意地转向我的妻子。我想提议和解，但张口欲出的却是宣战的话语。

我想大声叫喊，但克制住了自己，想到这个残酷的现实，我不寒而栗：我仍然爱我的妻子，但我忍不住讨厌她。如果我们不赶快做点什么，我们的婚姻要么会被毁掉，要么会陷入冷战。然而，只要我们还在生气，我们就不可能平和地沟通交往。"我们得谈谈。"我说道。

"没什么好说的。"她简短地回答道。

"我们别无选择,"我坚持说道,"我很害怕。我忍受不了自己讨厌你。"

我的妻子立刻意识到有些事情已经改变了。我是在和她交谈,而不是只自己说,不顾她如何反应。"我也害怕。"她坦白道。

我们在毯子下面握住了对方的手。这是几个星期以来我们第一次触碰对方。很快,我们进行了迫切需要的坦诚的长谈。

从那以后,我一直试着帮助那些争吵的夫妻们明白,在释放内心的愤怒之前,试图和解是徒劳的。试着去爱,但同时又心怀怨恨,也许能换来休战,但这不是真正的和平。怨恨会让你保持警惕。你会因为一些无关紧要的话语产生抵触情绪,对对方所做的一切不太积极的事情反应过度。这样做,你们将无法变得亲密。只有当你抽干内心的消极情绪,你才会想,"我不想再讨厌这个人了",然后你们就可以在一个坚实的基础上开始重建彼此的关系。

怨恨通常始于失望。当你发现你的伴侣具有一些令人恼火的特质时,你会逐渐开始想,"这不是我爱上的那个人。"一开始,你会犹豫,不愿意告诉对方,因为你不想伤害他/她。但是如果你的情绪找不到发泄的出口,它们就会累积起来,到了一定程度你会害怕如果你承认了自己有多难过,你们的关系就无法继续下去。随着时间的推移,失望会变成愤怒,最终愤怒会慢慢地变成怨恨。

怨恨对怨恨者的伤害往往比被怨恨者还要大。我经常问来咨询的夫妻们,"如果你必须在两个选项中做出选择,一个是一直按你的方式,另一个是永远不再对配偶生气,你会选择哪一个?"几乎每个人都回答说："不再生气。"在内心深处，我们大多数人都知道，感到怨恨远比不能按照自己的方式做事痛苦得多。一位丈夫辛酸地说道："比我的妻子更让我讨厌的唯一一件事情就是我讨厌她。"

> 紧握拳头，你就无法与他人握手。
>
> ——英迪拉·甘地（INDIRA GANDHI）

当你的生命走到尽头，却意识到自己一生恨得多爱得少，你能想象一个比这个更糟的命运吗？如果你想缓和与伴侣之间的冷战，你必须结束怨恨。幸运的是，虽然这可能会令人感到惊讶，但怨恨实际上比不爱更容易克服。当爱真的死去时，你不可能通过意志使它复活。但是，如果爱仅仅是被一团怨恨的乌云所遮蔽，那么一旦怨恨消散，它就会再次闪耀。

可用的洞察：

一段感情结束不是因为你停止了爱，而是因为你无法停止怨恨对方。

采取行动

- 不要害怕面对你丑陋的感觉，想象它们生活在你的脑海里。想象一种与你的感觉相符的充满怨恨和报复心的行为，在内心做这件事。这样做可以帮助你减少失控的感觉。

- 和对方交谈，从你感受最表层的怨恨开始谈，但不要停止，直到你触碰到敌意背后的脆弱。情感是具有层次的。在怨恨之下通常是愤怒，愤怒之下是沮丧，沮丧之下是受伤，受伤之下是恐惧。如果你一直在表达自己的感受，你通常会按照这个顺序来表达。从"我讨厌你"开头，到"我害怕，我不想失去你，但我不知道该怎么做"结尾。
- 一旦你从表达怨恨转向了表达受伤与恐惧，你就已经为一个新的开始奠定了基础。为了巩固这个基础，你可以尝试以下练习：
  - 双方都描述自己的性格缺陷。谦卑能瓦解自以为是。
  - 双方都分享自己欣赏对方的某个特质。赞赏能粉碎失望。
  - 双方都对对方所做的某件事表达感谢。感谢能抚平不满。
  - 双方都为对对方造成的伤害道歉，不找借口。悔改能弥补伤害。

现在双方都可以表达对方做了什么事情或者没有做什么事情伤害和激怒了自己。

15
不从错误中吸取教训

> 经验是每个人为自己的错误取的名字。
>
> ——奥斯卡·王尔德（OSCAR WILDE）
>
> 如果你不从错误中吸取教训，那你的对手就会这么做。
>
> ——无名者

当我们不能吸取经验教训时，不可避免地，这是一种自我挫败的行为。

在一部老情景喜剧中，一个角色发现了一把手枪，并决定在纽约的一家典当行典当。店员看到了枪，就按了报警按钮。随后的情况变得相当复杂，但最终这个角色说服法庭他是无辜的。在释放他之前，法官说："在纽约出售枪支是违法的。如果之后你又得到一把枪，你会怎么做？"

"我会在新泽西典当它。"他回答道。

这是一个从错误中吸取错误教训的例子。

也许我们从错误中学到的最常见的错误教训是认为我们应该避免在未来遇到类似的情况,而不是学会用不同的方法来应对。"我不会再那样做了"或者"我再也不会去那里了"虽然有时是行得通的,但这常常是逃避痛苦的方式,重新思考自己的行为是痛苦的。在极端情况下,逃避甚至会变成一种恐惧症,每当你遇到与先前的创伤相似的情况,就会引发焦虑。

我曾经为一位年轻的检察官进行过治疗,她因为搞砸了第一次审判而深感沮丧。为了能一击制胜,她废寝忘食,花了很长时间准备。在熬了一个通宵之后,她昏昏沉沉地走进法庭,发表了一篇精彩的开庭陈述,但后来却被一个狡猾的辩护律师的战术惊呆了。由于精神紧张和睡眠不足,她不再镇静,语无伦次地结巴着,手忙脚乱地在公文包里翻找找不到的材料。最终,法官宣布审判无效。

不幸的是,她得到的教训是"我不适合担任刑事案件的检察官"。正确的教训应该是:保持身心健康是准备工作的一个重要方面;尽可能多地了解你的对手;而且,一次挫折并不会抹杀你一路走来所掌握的技能。

对错误的另一种常见的、没有价值的反应是过于苛刻地评判自己。像"我真是个窝囊废!""真是个白痴!"或者"我太无能了!"这样的想法可以通过惩罚自己来帮助你减轻内疚感和羞耻感,还能让你先发制人,因为如果你足够严厉地批评自己,那么别人说的话就不会像你对自己说的那样糟糕。事实上,当别人感觉到你的自责时,他们可能会放弃批评,转而安慰你。

但自我鞭笞最终会导致自我挫败。很重要的一点是要把讨厌自己和讨厌自己做过的事情区分开来。"这证明我毫无价值"会导致绝望和信心的丧失，而"我不能忍受自己那样做"则会激发智慧和决心。

有些错误的教训和否认错误一样。我见过有些被发现有婚外情的人，他们在经历了随之而来的激烈争吵后，总结道："我应该更小心一点，不被发现。"这种以自我为中心的反应将会掩盖自己的错误行为，而不会带来成长。这些人没有吸取正确的教训，即面对导致他们出轨的亲密关系中存在的问题。

遭到虐待的受害者通常会采取相反的策略。我认识一些受到虐待的妻子，她们在每一次心碎后都会说："他不是故意的。我应该学会不去激怒他。"很显然，这是错误的教训。她们迫切需要懂得的是：自己不应该受到这样的待遇；她们必须挺身而出保护自己；如果她们离开丈夫，她们不会崩溃。

否认错误是错误的，不从中吸取教训也是错误的。如果你犯了这两个错误，你就无法把事情做好。为了把事情做好，你需要做的是面对自己的错误和学到正确的教训。

可用的洞察：

我们总是从错误中学习，但我们并不总是能学到正确的教训。

采取行动

- 当你犯错时，至少48小时内不要让自己做出任何不可撤销的决定。把事情搞砸会让我们觉得好像有什么东西崩溃了。在急于修复它的过程中，我们会抓住一个轻松的解脱方案，而不是评估我们的动机和行为。48小时原则提供了一个宽限期，给了你时间得出正确的教训。
- 问问自己，你是否在逃避真正的教训，因为：
  - 你宁愿立即得到满足。
  - 事实是难以面对的。
  - 这需要你做出改变。
  - 你需要责怪别人。
- 允许自己讨厌自己所犯的错误，但不要讨厌自己。
- 回想一下过去类似的情况。你犯过同样的错误吗？如果没有，你的做法有什么不同？如果有过，那么如果可以重来一遍，你会告诉自己怎么做？这些记忆或许可以帮助你学到正确的教训。

16
试图改变他人

> 当我们无法改变一种情况时,我们就面临着改变自己的挑战。
>
> ——维克多·弗兰克尔(VICTOR FRANKL)

最近,我在一个心理治疗小组里问了四对夫妇一个问题:"你们中有多少人觉得,如果要让你们的关系变得更好,你们的伴侣就必须改变?"八只手毫不犹豫地举了起来。然后我问道:"有多少人认为自己必须改变?"在一阵尴尬的犹豫之后,每个人都举起了手,但他们举手并不是因为自己确信如此,而是因为他们知道我期待他们这样做。

关系停滞不前,往往是因为双方都觉得是时候做出改变了,但双方都认为对方应该做出改变。当他们试图迫使改变发生或等待改变发生时,他们拒绝完全接受对方。这是自我挫败的做法,因为它通常会引起抵抗,甚至反抗,而不是合作。不仅没有人会改变,两个人的关系还会被怨恨和痛苦所侵蚀。也许最常见的离婚原因是一方未能成为另一方梦想中的那个人。

与其在对方改变之前不接受他/她,不如接受他/她本来的样子,并希望他/她发生改变。

当然,某些态度和行为是不可接受和不可协商的。如果你面临的是这种情况,那么你需要认真思考。不要低估改变一个拥有你无法接受特质的人所会经历的困难和痛苦。

然而,如果不是这样,最好的策略就是先接受现实,然后再期待改变。这并不一定意味着你应该对自己的担忧保持沉默。但这可能意味着要向对方传达一种更接纳的态度。像"我爱你,但这让我很烦恼,我非常希望它能改变"这样的信息会比"你最好改变,否则……"这样的信息更能带来积极的回应。很有可能,你觉得令人讨厌的特质也让对方感到烦恼;你的接纳可能会让他/她获得足够的安全感,从而开始努力改进。

有条件的接纳也是父母和孩子之间的一个重要问题。以单身母亲盖尔(Gail)和她的女儿马西(Marcy)为例。盖尔希望马西长大后成为一个自立的女人,但马西似乎没有什么抱负,更没有自制力。为了给女儿灌输她想要的品质,盖尔采取了责骂和惩罚的方式。这种方式确实能在一段时间内激励马西,但不久她又会反抗。马西愿意危害自己的未来,只是为了证明她是她自己。

"你能接受马西只是做她自己吗?"我问盖尔,"如果你做不到,她就会陷入困境,你也会失去做母亲的乐趣。"

盖尔费了好大的劲才接受了女儿的本来模样,但她的这一努力得到了回报。马西实际上也想改变自己,但她不能做出改变,除非她确信这是她自己的选择,而不是为了赢得母亲的认可。

如果你期待人们改变，在等待改变发生的过程中，你会把自己逼疯。如果你试图让他们改变，你会把他们逼疯。但如果你接受他们本来的样子，告诉他们你希望他们改变，那么他们可能会做出改变。

> **可用的洞察：**
>
> 不要试图改变别人；接受他们本来的样子，并希望他们会改变。

采取行动

- 下次当你对生活中的某个人感到沮丧时，停下来问问自己："如果他永远不改变，我可以接受吗？我还能继续爱他吗？"如果答案是肯定的，那么你应该就能改变自己的期望，并仍然对这段亲密关系拥有良好的感觉。

- 与其觉得自己是一个无助的受害者，不如主动地、有意识地选择让他做自己。

- 列出这个人的优点和缺点。

- 要真正地接受他，花些时间去欣赏他的优点。

- 从需要对方改变坏的特质变为希望他会改变。你的幸福不应该依赖于他人的改变。为自己选择了仁慈而不是痛苦感到自豪。

- 如果你选择告诉那个人你希望他改变，作为交换，你还可以这么提问："你希望我做出什么改变吗？"通过公平地对待对方，你会让他更有动力去做出努力。

17
为了反抗而反抗

> 人们看到所有写着"远离"的标牌时,会产生一种令人惊异的反抗。
>
> ——卡尔·桑德堡(CARL SANDBURG)
>
> 与其对抗,不如争取。
>
> ——无名者

不久前,在一场精神病学会议上,我遇到了一个大学里就认识的人:泰德(Ted)。我记得泰德是一个聪明的学生,后来他进了研究生院,打算像他父母一样成为一名心理治疗师。令我惊讶的是,原来他没有成为一名心理治疗师,而成了一家精神病院的管理人员,而且他显然对此感到很不自在。

当泰德意识到自己进入这个领域只是为了取悦他的父母时,他从研究生院退学了。他成为一个有目标的叛逆者,目标就是成为自己命运的主人。不幸的是,他也成了一个没有头绪的叛逆者。他曾在一家书店工作,试图成为一名作家,但没有成功,后来又在大学城开了一家小面包店。这些年来，他满足于过着简单的生活，做自己的事。但是，随着年龄的增长和家庭的建立，不满像他的腰围一样增长。他觉得厌倦，不再满足于勉强度日，于是他通过家人的关系，找到了一份心理健康领域的行政工作。

泰德设法获得了一份受人尊敬的职业，但现在他仍觉得不满意。"只有当我和治疗师在一起，谈论真实的案例时，我才会兴奋起来，"他告诉我，"我看得懂文献，有时我的想法比心理医生的更好，但没人把我当回事。"

显然，泰德对他之前做出的决定感到后悔。"我可能错过了我的使命，"他坦白道，"我本来可以成为一名很优秀的心理医生。"

泰德的父母想让泰德成为一名心理治疗师，但他却反抗了他们。那时的他在内心里大喊："不要告诉我该做什么！"其实，在这个过程中，他压抑了自己内心真正的声音。

被迫要过某种生活的孩子常常会感到困惑："我这样做是为了自己还是为了父母？这是我真正想要的，还是我只是按照他们的计划行事？"在他们的自由意志受到威胁的情况下，坚持自己的独立性比做对他们来说正确的事情更加重要。确保是自己做出的选择比选择的结果本身更加重要。有时候，这种独立精神会在更真实的生活中得到回报。但如果父母对他们的期望恰好符合他们的性格和愿望，那么他们最终可能是在与自己对抗。

这种自我挫败的行为不仅限于孩子反抗父母。我见过无数丈夫和妻子，他们不断地反抗他们认为专横的配偶。我还见过一些商业伙伴，尤其是家族企业中的兄弟姐妹，互相反抗对方的要求，以致于造成了亏损。通常情况下，问题不是反抗者不想做被要求做的事，而是他不想不得不去做这件事。被强迫或强制会破坏我们的自尊，损害我们的尊严。这让我们感觉自己像孩子一样。

关键是要感觉到是你自己选择去做某件事，而不仅仅是为了满足别人。当你发现自己在拒绝别人的愿望时，确保你不是同时在拒绝自己的愿望。一个辨别方法是想清楚自己是否有一个清晰的、理想的替代选择。例如，如果泰德对写作有真正的热情，或者梦想开一家面包店，那么从研究生院退学也许就不是一个错误。

面对要求苛刻的配偶或同事时，与其条件反射地反抗或不情愿地附和，不如停下来问问自己这个要求是否公平合理。如果是，那就选择这样去做。如果不是，要么说不，要么做这件事作为帮他一个忙，并让他知道你希望得到回报。当时机恰当时，向对方解释，如果你被命令去做某一件事，你就不能出于自由意志选择去做这件事。正如我的一位病人告诉她丈夫的那样，"我是一个成年人，我不想因为害怕或威胁而做一些事情。"

有时候，反抗是高尚的，甚至是勇敢的，但如果你打着捍卫自己的名义，却是在毁掉自己，那么这种满足感将是短暂的。

可用的洞察：
如果你选择去做某件事，你就不会怨恨自己不得不去做它。

采取行动

- 当别人给你施加压力时,停下来问问自己他们的这种做法是否公平合理。
- 客观地分析你做这件他们敦促你做的事情是否有意义。
- 问问你自己,"如果他们明天改变主意,或者消失不见,我会遵循他们最初的愿望去做吗?"一开始你的脑袋可能会一片空白,但如果你一直想下去,你内心最深处的渴望最终会浮现。
- 如果你自己的愿望和他们的期望是一致的,那么改变你的思维模式,这样你就可以主动选择去做这件事。通过这种方式,你就可以宣称没有其他人控制你,并且保持了自尊。

18
在没人听的时候还在说话

> 说话就像弹竖琴;把双手放在琴弦上以停止琴弦的振动,与拨动琴弦弹奏出音乐一样重要。
>
> ——奥利弗·温德尔·霍姆斯(OLIVER WENDELL HOLMES)

我曾参加过一次研讨会,会上的两位演讲者形成了鲜明的对比,给我留下了深刻的印象。伯恩哈特(Bernhardt)博士是一个极具魅力的人。他知道如何吸引观众并点燃他们的热情。史密斯(Smith)博士文静而深思熟虑,但并不是特别会鼓舞人心。一开始,参与者们对极具吸引力的伯恩哈特博士赞不绝口,还拿无趣的史密斯博士开起了玩笑,但最终后者赢得了所有人的支持。史密斯博士一直密切注意着她的听众,认真对待他们提出的问题,倾听他们的担忧。而伯恩哈特博士只是把听众当作演讲的陪衬。

也许两位演讲者之间最显著的区别是:伯恩哈特博士每次演讲都超出了他的时间限制,而且当人们开始坐立不安时,他似乎很生气。史密斯博士则能更好地协调眼前的情况。观众一有不安的迹象,她就会建议暂停休息一下。她从来不会消耗观众对她的耐心。

当人们听够了的时候，我们为什么还要不停地说呢？当我们迫切需要别人倾听时，我们的谈话通常分为三个不同的阶段。第一阶段是努力传达信息或表达观点。一旦这个阶段的任务完成，其他的需求就会取而代之。在第二阶段，谈话的主要动机是缓解紧张。喋喋不休只是为了让自己感觉好一些，为此我们会重复或重新表述我们已经说过的话，或者引入不相关的话题。在第三阶段，我们会谈论任何可能吸引听者注意力的话题，只是为了不被抛弃。总之，动机从沟通演变为缓解紧张，再变成保持控制。

被拖入第二阶段和第三阶段的听众会处于一个困难的境地：必须找到一个既不失礼又能脱身的方法。如果他找不到，那最终谈话会浪费他的时间，使他变得恼火。对于过分热心的演讲者来说，这样的谈话方式可能会付出更高的代价。他可能会失去尊重，甚至可能会失去朋友。

在有压力或兴奋的时候，我们把自己的感觉和想法隐藏了起来，从而产生紧张感。对我们许多人来说，卸下包袱的感觉太好了，以至于我们会忘记自己应该遵守的礼仪。我们从对话变成独白，滔滔不绝地说个不停，在变得令人厌烦或粗鲁之前，我们甚至无法让自己停下来。

> 什么都不说，不以言语证明事实的人是有福的。
>
> ——乔治·艾略特（GEORGE ELIOT）

18 在没人听的时候还在说话

如果你有这种倾向，那么试着了解谈话的各个阶段，在你进入烦人的第二阶段或无礼的第三阶段之前踩下刹车。留意对方的肢体语言。如果他烦躁不安，或者看了看手表，或者眼神变得不那么专注，那么他可能是在试图找到一种既能打断你又不失礼的方法。你最初的冲动可能是想尽一切办法吸引他的注意。但是，把一个人当作人质一样来吸引他的注意力会导致自我挫败。

你必须决定继续说话所带给你的解脱感是否值得。代价是什么？对方可能会不理你，或者找个借口打断你。最终你可能会觉得尴尬、愚蠢甚至更糟。如果你经常这样不受欢迎，你会发现人们会忽视你，"忘记"回你的电话，不邀请你参加聚会。

除非你对即时满足的需求比你对拥有朋友的需求更强烈，否则要学会控制自己。记住，当别人听得够多的时候，如果你不强迫他们继续听，他们会感谢和欣赏你。但是，如果你利用朋友来缓解紧张（第二阶段），并试图控制他们的注意力（第三阶段），你可能会暂时拥有这些朋友，但未来将会失去他们。

可用的洞察：

当人们停止倾听时，就停止说话。

采取行动

- 如果你想知道自己是否说得太久了，那就留意对方的肢体语言吧。

- 如果你发现对方有不安的迹象，问问自己，你更愿意体会哪种感觉：话说到一半的挫败感，还是喋喋不休地说但没人听的羞辱感。
- 尽快让自己停下来。
- 征求对方的想法和意见。通过把你的独白变成对话，你可以让对方更欢迎你说话，而不是耗尽对方的耐心。

19

当你感觉不好时假装自己很好

> 要敢于说真话,没有任何一件事需要说谎;犯错后说谎只会导致错上加错。
>
> ——乔治·赫伯特(GEORGE HERBERT)

43岁的约翰是一家五金店的经理。他告诉我他住在城外的父母要来看他。我问他是否期待见到他们。

"还好啦。"他说道。

"你的话听起来没什么说服力。"我回答道。

"嗯,他们总是吵嘴,还批评我做的每一件事。但他们都快80岁了,所以我想,我很幸运,他们还活着。"

我鼓励约翰说出他的真实感受。他承认他无法忍受父母的来访。"这会让我筋疲力尽,"他说,"实际上没人喜欢这件事,甚至他们自己也不喜欢。"

约翰的典型反应是沉默不语、闷闷不乐、撅着嘴。他的父母会问:"出什么问题了吗?"他会回答说:"不,不,我很好。"在大多数情况下，他甚至不能向自己承认出了什么问题。

这种否认是常见的。向自己承认你很难过或很痛苦会让你觉得自己被暴露了。你害怕承认一种不好的感觉会带给它更多的力量。痛苦可能会加重。你可能会无法忍受。事实上，恰恰相反：承认这种感觉可以释放被压抑的紧张感，会让你感觉更好而不是更糟。

你可能还会担心，如果你说出"我感觉很糟糕"，就可能会责备某人，然后你不得不进行反击，或责备自己，并感到羞愧。你甚至可能被迫采取行动，而行动的前景可能会令你感到非常害怕，你会想："如果我没有使事情变得更好的技巧或智慧怎么办？""如果我必须做一些冒险的事情怎么办？"所以，你可能会觉得，如果你从一开始就不承认自己感觉不好，那么你也许可以更容易避免这些麻烦。

正如我告诉约翰的那样，重要的是要意识到，状态良好并不意味着总是要感觉良好。相反，它意味着能够在不否认、不自欺欺人、不压抑的情况下适当体验各种情感。心理健康的人能够感受到他们应该感受的各种感觉：当他们生气的时候，他们会感到生气；当他们悲伤的时候，他们会感到悲伤。承认这种感觉是让自己感觉更好的第一步。

同样重要的是，要意识到承认不好的感觉并不意味着你必须做些什么来改变它们。事实上，承认自己感觉不好实际上减少了行动的需要。它会抑制你采取突然的、可能会让事情变得更糟糕的行动的冲动。

我建议约翰，当他的父母开始责备他时，他应该对自己说："我讨厌现在的感觉。"他似乎有些迷惑，但还是同意试一试。当我第二次见到他时，他说："当我告诉自己'我讨厌这种感觉'时，我觉得松了一口气。"他变得能够容忍他的父母，而不撅嘴或退缩——当他们继续惹恼他时，他也不会发怒。

当然，对自己承认感觉不好是向他人承认这一事实的前提。为了掩饰你遇到的困难，你可能会避开或欺骗那些能帮助你的人。遮遮掩掩不仅会让你得不到帮助，还会制造一个恶性循环：它会让你变得焦躁不安、戒心重重；你周围的人会感到生气；然后你会感觉更糟，因为你不明白当你感觉如此糟糕时，怎么还会有人对你不满。

承认自己感觉不好需要很强大的信心。你必须相信，承认这种感觉所带来的短暂不适，要好过压抑和逃避会导致的长期后果。这种信念能给你勇气坚持下去，直到你能让事态变得更好。

> **可用的洞察：**
> **你必须先承认自己感觉不好，然后才能感觉好一些。**

采取行动

- 下次当你感觉不好的时候，在内心承认你的烦恼。这个简单的行动能使人平静下来，并且有助于防止你做出草率的反应。

- 给这种感觉起个名字。这会使得它不那么具有威胁性，也更易于管理。如果你能给它起名字，那么你就能驯服它。

- 尽可能准确地命名。一开始说"我很心烦"是可以的，但"我感到沮丧"或"我感到绝望"可能更准确。

- 如果你决定让别人知道你感觉很糟，那么就确切地告诉他们你的感觉有多糟。你可以这样说："我的感觉非常糟糕,让我想要_____。"这样的例子与其说是在描述感觉,不如说是在展示感觉,让别人更容易理解。其他人会更好地倾听,并可能会给予你应得的同情。

20
痴迷于某件事或陷入强迫性行为

> 我被严厉的"强迫之手"抓住了,这种黑暗的、不合时宜的冲动驱使女人在半夜打扫房子。
>
> ——詹姆斯·瑟伯(JAMES THURBER)
>
> 你需要去做并不意味着你必须去做。
>
> ——无名者

有时,当我们有压力时,我们会觉得自己被推到了悬崖边缘,好像我们随时都可能失控。为了避免灾难,我们的头脑会转移我们的注意力。我们会专注于那些看起来可控的事情。如果过头了,这种防御会导致痴迷和强迫性行为。具有讽刺意味的是,痴迷和强迫性行为还会形成自己的势力,进而让我们感到更加无能为力。

痴迷是一种无意识的尝试,试图把一种强大到让你难以忍受的感觉变成一个想法。你一遍又一遍地重复这个想法,希望能转移你的注意力,直到不适感过去。但其效果就像踩水:你浪费了大量的精力,最终却一事无成。

　　随着时间的推移，痴迷会越来越强烈。当它们达到一定的强度时，精神能量就会从想法蔓延到行为。结果就是我们所说的强迫性行为。例如，一个孩子在百货商店迷路了。突然变得孤单和无人保护的恐惧感让他无法忍受，他盯着自己磨损的鞋子，试图让自己在妈妈回来之前抵挡这种恐惧感。如果这种痴迷发展到孩子不得不采取行动的地步，他就会开始不由自主地擦鞋。

　　我们大多数人都熟悉这种模式的许多成人版本：感觉自己是失败者的人痴迷于快速致富，这导致了强迫性赌博；一个觉得自己很丑的人对自己家的外观很着迷，然后强迫自己装饰房子；内心空虚的人会纠结于如何填饱自己，并成为一个强迫性进食者。

　　打破这种痴迷或强迫的关键是直面导致它的痛苦或恐惧。一般来说，你回避根本问题的时间越久，就越会感到无能为力，越会陷入痴迷和强迫性行为。最好的方法是反向跟踪整个过程。首先，停止强迫性行为，无论是洗手、打扫房间、与危险的伴侣发生性关系，还是其他什么。这可能并不容易；它可能会令你产生一种焦虑感，这类似于瘾君子经历戒断的过程，因为从某种意义上讲，强迫性行为是对一种功能失调的应对方式的上瘾。

　　当你停止强迫性行为时，你的系统会回到之前的状态：强迫性思维。当它在行为上不再有发泄的出口时，这种痴迷就会升级。最终，它将到达一个点，那时你将被迫关注内心的感觉，是它决定了你的行动模式。如果你有勇气让这个过程顺其自然地发生，你可能会清楚地看到自己一直在逃避的痛苦或恐惧。

　　让我们来看两个我在临床实践中遇到的例子。乔（Joe）是一位航空航天工程师，他对保护自己的电脑文件非常痴迷。他认为它们有被病毒摧毁的危险。他会强制应用杀毒软件并创建复杂的系统来保护他的文件。这导致他花在保护电脑上的时间比花在工作上的时间还多。在我的敦促下，他答应第二天早上停止保护电脑文件的活动。第二天早上他确实这么做了，但他无法停止思考病毒的威胁，于是他放下工作来见我。我帮助他发现了他真正的恐惧。原来，他所在的行业一直存在裁员的情况，他害怕失去工作。除此之外，他还害怕重蹈父亲的覆辙。他的父亲在工作多年之后被解雇，不得不被送进州立精神病院。现在，他能够看到自己真正的恐惧和焦虑，所以他能够采取积极的措施来提高自己对公司的价值，而不是继续沉迷于无用的强迫性行为。

　　艾琳（Irene）是一位单身母亲，为了养活她的孩子，她每天工作很长时间。每当到了周末，她都会强制组织家庭活动作为补偿。艾琳本希望这样做能使孩子一直过得开心，但其实这给孩子们造成了很大的压力。现在，孩子们正在反抗艾琳施加给他们的压力。我说服了艾琳在下个周末不做任何计划。随着周五的临近，她变得越来越焦虑，直到她终于直面自己的核心问题：她担心自己会像自己的母亲一样，无法与所爱之人进行真正的情感交流。承认并面对她对缺乏情感关怀的恐惧，使她能够采取措施减少对孩子的放任不管，更多地与他们相处。

　　摆脱一种痴迷及伴随而来的强迫性行为并不容易，尤其是如果这种模式已经根深蒂固。但是，如果你想要主宰自己的生活，而不是逃避的话，那么你可以而且必须这样做。

> **可用的洞察：**
> 痴迷和强迫性行为可以帮助你度过痛苦和恐惧，但不能帮助你克服它们。

采取行动

- 列出所有你一直在想但却无法采取建设性行动的想法来识别出你的痴迷性行为。
- 列举出让你在当时感到松一口气，但随后又让你感到内疚，或产生更多问题的重复性行为来识别出你的强迫性行为。
- 向自己承诺，下次当你要陷入这些想法或行为时，你会阻止自己。
- 如果单靠自己的力量难以消除这种强迫性行为，那么可以寻求治疗师、牧师或朋友的帮助。在这个阶段，一个可以支持你的值得信任的人是不可或缺的。
- 如果你发现自己陷入了不想要的行为，就对自己说："哦，我忘了。我不会再这样做了。"这只是一个简单的提醒，提醒你自己已经做出了承诺，不会再做那种自我毁灭的事。
- 当你停止强迫性行为时，压力会增加。留意身体和情感上的感觉。问自己："我感觉到了什么？我在哪里有这种感觉？"
- 在你辨认出感觉之后，完成以下句子："当我有这种感觉时，它让我想要_____。""如果我那样做，后果将是_____。""现在更应该做的是_____。"

• 每当你不屈服于一种痴迷或强迫性行为时，就奖励自己。最终，感觉到自己不再被痴迷和强迫性行为所控制就足够了。

注意：这里讨论的痴迷性行为与强迫性行为不应该与强迫症相混淆，强迫症是一种严重的精神疾病，通常需要药物治疗。

21
总认为别人是在针对自己

> 当人们对你粗鲁无礼的时候，他们不是在针对你，而是在针对他们之前见过的人。
>
> ——弗朗西斯·斯科特·菲茨杰拉德（F. SCOTT FITZGERALD）
>
> 每一件微不足道的小事都不必放在心上。
>
> ——亚历山大·蒲柏（ALEXANDER POPE）
>
> 有些情况是别人冒犯了你，而有些是别人并没有针对你，而你却生气。
>
> ——艾萨克·沃尔顿（IZAAK WALTON）

"我让你们闭嘴，孩子们！" 43岁的劳资关系律师莫琳（Maureen）一边说着，一边把胳膊往后座上一伸，想抓住离她最近的手腕。汽车突然转向，驶进了旁边的高速公路车道，差几英寸就要撞上一辆迎面而来的卡车。这次千钧一发使孩子们停止了尖叫，但也差点要了他们的命。

莫琳对这件事感到很沮丧,她在我的办公室里不断地说一些自我憎恨的话。"看看我,"她哭着说道,"超级律师女士能勇敢地面对工会,却控制不了自己的孩子,还差点杀了他们。"我问她,当对方律师攻击她时,她会怎么做。"我尽量不去想这件事是在针对我,"她说道,"如果我让它影响到我,我就无法清晰地思考。"

这是一个完美的回答。莫琳意识到,她在车里的反应就好像孩子们的不当行为只是为了激怒她。她认为这是对她的侮辱,其实,他们只是在释放坐在教室一整天被压抑的能量。我建议,如果这种事情再次发生,她应该认真对待,但不要认为他们在针对她。

总认为别人是在针对自己,指的是假定某人说某句话或做出某个行为是在有意伤害自己。例如,你可能把善意的纠正当成批评,把分歧当成贬低,或者把对第三方的评价当成对你的侮辱。有一个例子,当一位陷入困境的作家的妻子提到了一位第一次写小说就签了一份巨额合同的小说家时,她的丈夫勃然大怒。他觉得妻子实际上是在说:"你是个失败者。"但事实上,他妻子是觉得像她丈夫那样有才华的人也应该得到同样的待遇。

不能考虑对方的真实意图是破坏一段关系的好方法。你没有做出适当的回应,仅仅只是做出了反应,要么是报复,要么是变得有戒心、闷闷不乐或暴躁易怒。这样的反应不仅让你忽视了对方这么做的正当理由,而且让别人无法对你的正当抱怨做出适当的回应。另外,当你意识到自己所做的事情时,你最终会感到羞愧。

总认为别人是在针对自己,还会对生意造成不利。以乔安娜

（Joanna）为例，她是一家医疗用品公司的创始人和所有者。在一次重要的会议上，当她正在为新产品线敦促销售人员做好准备时，一位叫蒂姆（Tim）的销售人员引人注目地打了个哈欠。蒂姆是乔安娜雇用并十分器重的门生。但对她来说，这个哈欠就像打了她一记耳光，是一种公开的不尊重。她当场解雇了他。后来，蒂姆以不正当解雇为由提起诉讼予以反击。直到给公司造成了损失，乔安娜才意识到蒂姆是公司里工作最努力的销售人员之一。他工作了很长时间，打哈欠更多的是由于疲惫，而不是不尊重。非常值得赞扬的是，乔安娜为她的错误道歉并重新雇用了蒂姆。

总认为别人是在针对自己，会让你生气，也会让你变得冷酷。很多男人告诉我，他们之所以和妻子分居，是因为他们对不断受到的侮辱感到愤怒，担心自己会诉诸暴力。另一些人则是被自己的愤怒吓坏了，他们干脆把自己封闭了起来，将情感和注意力从自己最想给予的人身上抽离走。可悲的是，在许多这样的案例中，当事人感到痛苦是由那些他们本不应该认为是针对自己的某些行为引起的。当你学会认真对待一切，而不是总认为别人是在针对自己时，你不仅会冷静下来，还能对那些你曾经感到生气的人重燃热情。

可用的洞察：
认真对待一切，不要总认为别人是在针对自己。

> **采取行动**

• 当有人做了某件让你感到生气的事情时，问问自己是否做过什么导致了他这样的行为。

• 如果你做过，最好早点承认。道歉，并承诺下次会做得更好。

• 如果你没有做过什么，那么问问你自己，他是不是也是这样对待其他人的。如果是这样，就不要认为他是在针对自己。

• 你有三个选择：设法让自己更容易接受；止损，结束关系；让对方知道你的感受，并希望这种冒犯行为能够停止。

• 记住，不认为别人是在针对自己并不意味着容忍。它指的是不要鲁莽行事。

22
表现出对他人有太多需求

> 人人都需要上帝。
>
> ——荷马（HOMER）

每个人都需要别人。但是，当需要变得不间断、贪得无厌，并且让别人感到自己被占便宜时，它就会让你陷入自我挫败。

如果你对他人有过多需求，别人就会觉得你在抢夺。他们会觉得你试图得到的要么比你应该得到的多，要么比你能回报的多。问题并不在于要求得到太多的有形帮助或物质帮助，尽管这可能也是一个问题。真正使人烦恼的是情感上的需要。

> 指望别人，难有好吃喝。
>
> ——约翰·雷（JOHN RAY）

如果索求是你的基本做事方式，那么你会指望别人来肯定你，让你安心，并强化你的价值。这超出了大多数人所能给予的。当他们曾自由地给予的东西变成他们的一种义务时,他们迟早会转身离开,除非他们是圣人。怨恨的情绪会出现,他们会开始害怕与你接触。

有一些需要过多关怀的人表现得恰恰相反。他们试图通过让自己看起来无欲无求,来控制自己的需要,不让别人察觉到这些需要。这些高傲的人会表现得他们好像什么都不需要。我们往往会认为他们傲慢或居高临下。我们也会觉得他们令人恼怒,因为他们使我们感觉自己是多余的,也许还会使我们为自己需要一些东西而感到羞愧。与这些无欲无求的人建立关系很困难,因为他们剥夺了我们给予的机会,而我们大多数人衡量自己的价值时会考虑(至少会部分考虑)我们给予他人有价值的东西的能力。

另一种让自己看起来无欲无求的方式是表现得像个"假圣人"。这种"假圣人"是令人愤怒的,因为如果你给予他们一些东西,他们会让你觉得这样做是错误的。然后,就在他们说服你相信他们不需要任何东西的时候,他们会提出一个很大的要求。如果你无法满足,他们就会表现得很受伤,并提醒你他们曾经为你所做的一切。如果你试图弥补,他们会说:"不要帮我任何忙。"人们最终会对这些含混不清的信息感到厌倦,不再试图弄清"假圣人"到底需要什么。

当童年的不安全感变为成年后对不能自立的恐惧时,一个人通常就会对他人进行索求。其他人则会被视为拯救者。他们所面临的挑战是接纳自己的不安全感和恐惧,把它们看成每个人都要面对的东西,并且继续前进。

不过,在很多情况下,问题不是需求很多,而是表现出需求很多

（acting needy）。我们中的一些人看起来比实际上更依赖别人。如果你发现自己正在这样做，那么试着做一个有需要的（needful）人，而不是一个需要过多的人。有需要的人的需求水平是可以接受的。其他人也愿意帮助他们，因为他们的要求是合理的，而且当他们得到自己需要的东西时，他们会表达感谢，并且表示愿意给予回报。如果他们得不到需要的东西，他们会设法凑合一下，而不会对你心怀怨恨。

有需要的人提出请求，需要过多的人提出要求；有需要的人依靠别人，需要过多的人依赖别人；有需要的人真诚地感谢，需要过多的人利用感恩之心来吸引他人再次满足自己的需要。如果你表现得需要很多，人们会把你看作索取者，而给予索取者东西是非常困难的。但如果你表现得有需要，人们会认为你是在追求自己应得的，而不是在抢夺。十有八九，他们会满足你的需要。

> **可用的洞察：**
> 需要太多会招致怨恨。无欲无求会导致沮丧。有所需要才会带来帮助。

采取行动

- 要意识到，如果你要求太多，人们一开始可能会给你你想要的，但很快他们就会开始讨厌你。
- 要意识到，如果你表现得无欲无求，你会让别人无法给你东西，他们也会因此而感到沮丧。

- 学会清楚地表达你需要从别人那里得到什么,不要让它听起来像是一种要求。
- 确保别人知道你愿意回报,而且他们可以向你提出需要。
- 当你得到自己需要的东西时,表现出真诚的感激。
- 准备好被对方拒绝,但不要因此而心烦意乱或耿耿于怀。

23
怀有不切实际的期望

> 最有把握的希望，往往结果归于失望。
>
> ——莎士比亚（SHAKESPEARE）

玛克辛（Maxine）向我寻求帮助，她的目标看上去很合理：与前夫复合。她提到了几条非常好的理由，向我说明为什么这一次复婚会像梦想实现一样成功，尽管他们之前的婚姻曾经是一场噩梦。她知道出了什么问题，也知道她和前夫必须做些什么来修复这段关系。我曾经帮助过许多离了婚的夫妻复合，我认为她正在理智地走向和解。直到我问起她前夫的态度时，我才意识到她是多么地自欺欺人。她的前夫已经再婚，还生了两个孩子。

玛克辛把她想要的东西看成是她必须拥有的东西，即使她的目标已经变成白日梦，她仍然坚持着这种态度。她不仅让自己注定走向崩溃，还让自己的幻想消耗了原本可以用来改善生活或发展一段真正关系的时间和精力。

根据我的经验，我们大多数的期望都是公平合理的。然而，它们并不总是现实的。在中年开创一份新事业是合理的，但期望它会很容易做到或立即成功是不现实的。期望一个朋友理解你的感受是合理的，但期望他是一个分析能力极强、注重解决问题的人，那就不现实了。

那些习惯性地选择不切实际的目标的人会让一厢情愿的想法凌驾于他们的常识之上。在他们的头脑中，如果他们想要什么，就必须是可以实现的。他们很喜欢豪赌，但他们需要一个拉斯维加斯的赌注登记人来帮他们计算赔率。他们没有现实地评估自己是否具有实现梦想的天赋、资源和洞察力，以及条件是否有利。更糟糕的是，他们通常对自己的前景太过自信，以至于没有制定应变计划，也没有为失败做好心理准备。因此，他们不仅会遇到挫折，还会一路退回到起点，有时甚至更远。每一次失利都让他们更加想要证明自己，这使他们越来越喜欢冒险下赌注。

> 执着是幻想的伟大制造者；只有超然的人才能做到现实。
>
> ——西蒙娜·韦伊（SIMONE WEIL）

当然，如果你是一个大实干家，那么敢有大梦想也没什么问题。真正的实干家和有远见的人与不切实际的梦想家是不同的：他们乐于追求自己的目标，而不仅仅是结果；他们知道，如果他们失败了，也可以重新站起来，不会有事；他们知道胜算有多少，并为可能的失败做好了准备。我认识一位非常成功的企业家，他把许多冒险的赌局都变成胜利。他总是接受高风险的项目，但他对这些项目的潜力不抱任何幻想，并在财务和情感上为自己做好准备，以防失败时自己被击垮。

如果你打算冒险下赌注，不仅要有必要的资金来实现它们，还要确保自己有能力应对失败。如果你想要某样东西，却没有得到，你会失望。如果你需要某样东西，却没有得到，你会很沮丧。如果你一定要拥有某样东西，却没有得到，你会崩溃。

我鼓励我的病人评估一下自己的目标有多现实，并鼓励他们根据他们目标的现实程度怀有相应的期望。如果你的目标是不现实的，不要抱着"必须实现"的态度去追求它。需要或想要的态度要安全得多。这在人际关系中尤其如此。一般来说，别人的心思是难以捉摸的，所以你最好以"想要"的态度对待你的期望。

如果你确信冒险下赌注会成功，那么你最终肯定会失望的。但是，如果你能看清什么是冒险下的赌注，什么是确定能实现的事情，那么你就很有可能会得到生活中你应得的一切。

可用的洞察：
仅仅因为它是合理的并不意味着它是现实的。

采取行动

- 下次你想要什么东西的时候，问问自己这件事发生的可能性有多大。
- 列出实现目标所需的一切条件。
- 客观地审视自己，评估自己完成任务的能力。

- 给你的目标打分，分数范围是1到10，1分代表完全不现实，10分代表一定能实现。分数越低，拥有后备计划就越重要。
- 根据你目标的现实程度，为它设定"想拥有"、"需要拥有"或"必须拥有"的期望水平。
- 除非你已经准备好迎接崩溃，否则尽量不要认为一场赌局"一定能成功"。

24
试图照顾好每一个人

> 改正疏漏比一见钟情容易。
>
> ——圣杰罗姆（SAINT JEROME）
>
> 我不知道成功的关键是什么，但失败的关键是试图取悦所有人。
>
> ——比尔·科斯比（BILL COSBY）

每当我感到过度劳累的时候，我就会想起加利福尼亚州威尼斯[①]的一位表演电锯杂耍的街头艺人。当他伸手去接从空中落下的锯子时，他总是全神贯注地紧盯着这个可怕的家伙，那种高度集中的注意力让我感到惊叹。哪怕是一丁点儿的分心，他都可能会失去一只手臂。

就像玩杂耍的人一样，我需要全神贯注于我所扮演的每一个角色——丈夫、父亲、儿子、兄弟、治疗师、朋友、老师——只是在某些方面，我的任务更加艰巨：表演者在与电锯打交道，但我是在与人

---

① 加利福尼亚州威尼斯是洛杉矶市的一个受欢迎的海滨小镇。——编者注

打交道。因为我所有的角色都很重要，所以我能给他们的时间非常有限，但我又必须确保所有对我而言很重要的人都不会感到自己被忽视。

对于一个忙碌的人来说，试图公平地对待每一个人的需求是一种自我挫败的行为，因为你通常无法公平地对待任何人，包括你自己。如果你同时做太多事情，不仅可能让自己精疲力竭，还可能会让那些希望你在他们身边的人对你产生轻视和愤怒。

> 事实是，美国人的思想不够有深度；他们太忙了，没有时间停下来质疑自己的价值观。
>
> ——威廉·拉尔夫（WILLIAM RALPH）

关键是，当你和他们在一起的时候，要让他们觉得自己很重要。在我认识的许多忙碌的人当中，那些把"杂耍"玩得最好的人是那些对自己面对的每项活动和接触的每个人都给予全部注意力的人。在办公室里，他们完全投入到工作中；在家里，办公室就成了历史，他们专注于自己作为配偶和父母的角色；当他们和母亲、老板或会计师在一起时，他们会投入地扮演子女、雇员或客户的角色。他们做事干净利落，大部分时候他们身边没有人觉得自己被亏待了。

我说"大部分时候"，是因为在一个忙碌的人的生活中，总有一些时候，他爱的人会感到被亏待了。当这种情况发生时，我建议他告诉对方："你是我最重要的配偶。你们是我最重要的孩子。我的事业是我拥有的最重要的事业。我是我最重要的自我。如果我让你觉得自己被亏待了，那是我的疏忽。我很抱歉，但请理解，我生活中的每一部分都很重要。"

然而，你需要做的不仅仅是解释。你只能通过行动来证明某人的重要性。例如，如果你没有兑现承诺，再多安慰的话也不会让你的孩子或配偶感到自己有价值。主动行动而不是被动反应也很重要。当你主动做出承诺，而不是遵照他们的要求去做时，他们才会感觉自己很重要。答应去看孩子的足球比赛是一回事，但如果你在没有被提醒的情况下说"你就要参加一场重要的比赛了，不是吗？我等不及要看了"，那就会带给对方完全不一样的感觉。

如果你让人们觉得自己很重要，他们就不会觉得你留给他们的时间很少。但是请记住以下几点。首先，要注意在时间分配上不要太过公平，以至于每个人都觉得你留给他们的时间很少。有些人比其他人更重要，确保他们知道这一点。其次，你自己也很重要，所以不要因为把时间花在自己身上而感到内疚。最后，只要每个人都在真诚地努力做到公平，你和你生活中的人就应该互相宽容。社会的组成方式，以及我们花在某件事情上的时间往往与我们赋予它的真正价值无关。

生活中"玩杂耍"的人可能没有玩电锯杂耍那么危险，但也确实有一些风险。如果你粗心大意，你不会被切断一条胳膊，但你可能会切断一段珍贵的关系。然而，如果你让人们感到自己很重要，你就可以与每个人保持紧密的联系而不用担心失控。

> **可用的洞察:**
>
> **所有人和事都在争夺你的时间,但没有人会为了重要性而竞争。**

采取行动

向人们展示你有多重视他们的一个方法是展现三个C:

- 关心(Concern)。让他们表达他们的担忧、恐惧和沮丧的心情,不要打断或催促他们。

- 好奇心(Curiosity)。在他们提出要求之前表现出对他们的兴趣。"你今天过得好吗?"并不能表现出太多你对他们的兴趣,相反,"那场会议怎么样?"能更好地表明你了解并关心他们生活中的细节。

- 信心(Confidence)。向他们表达你对他们的尊重,相信他们处理问题的能力。不要直接提出建议,而是问一些问题,比如"你觉得你接下来会做什么?"或者"你什么时候会把你的决定告诉他们?"

25

拒绝"比赛"

> 有朝一日，当造物主给你打分时，他评价的不是你赢了还是输了，而是你是如何进行人生这场比赛的。
>
> ——格兰特兰德·赖斯（GRANTLAND RICE）
>
> 游戏中有两种乐趣供你选择，一种是赢，另一种是输。
>
> ——拜伦勋爵（LORD BYRON）

人们常常向我抱怨自己与爱人、家人和生意伙伴之间的比赛。有时候他们拒绝这种比赛，因为他们有正当的道德上的拒绝理由，或者他们对自己被操纵感到愤怒。然而，在大多数情况下，他们退出比赛的原因并不是那么令人信服，同时也让自己无法获得比赛带来的回报。他们自我欺骗说，自己"高于"这种比赛，或者比赛的结果对他们来说并不重要。其实，他们真正担心的是他们不能像自己想要的那样去比赛。

有人说"我无法忍受比赛"，那么在大多数情况下，他们其实只是表现糟糕罢了。化学行业的销售人员贝丝（Beth）就是一个很好的例子。她很能干，并且干劲十足，但她从来没有达到过自己所期望的那种成功。当她的同辈人达到那种高度时，她会嘲笑他们说："他们都是一些玩家，会拉关系，会奉承，会参加对他们有用的聚会。我不能忍受自己像他们那样虚伪，不然我也已经成功了。"

贝丝假装自己高于这一切，但实际上她只是个局外人。作为一名训练有素的化学家，贝丝进入销售行业是因为这里有可能挣到大钱，但她发现要做好销售光拥有科学专业知识是不够的。她不善交际，人们和她在一起时会觉得不舒服。但是，她并没有努力掌握有助于业务成交的社交技巧，而是摆出一副自以为是的姿态，这样做只会让她和别人更加疏远了。

> 生活是一场必须参加的比赛。
> ——埃德温·阿林顿·罗宾逊（EDWIN ARLINGTON ROBINSON）

有些比赛显然不值得参与。其中包括意图伤害他人的比赛；要求参与者欺骗别人、狡诈或残忍待人的比赛；以及那些输掉后惩罚太大的比赛。参与这样的比赛通常会伤害你的自尊或声誉。你不仅会失去朋友，无法对任何人产生积极的影响，还会变得疑神疑鬼。因为在内心深处，你会认为如果你是狡诈的，那么别人可能也会这样对待你。你的良知总有一天会要求你做出忏悔。

然而，许多比赛不仅无害，而且具有价值，且能够提升你的人生；

它们不是冷酷无情的，实际上它们是细腻情感的表达。也许我听过的最好的例子就是艾丽斯·麦卡弗（Iris McCarver）和亨利·麦卡弗（Henry McCarver）在他们五十五年的婚姻中所进行的比赛了。当亨利奄奄一息，躺在医院的病床上，接受吗啡注射以减轻疼痛时，艾丽斯一直陪伴在他的身边。有一次，她温柔地抚摸着丈夫的手背。"我要坦白一件事，"她轻声说道，"这么多年来，我一直为你疯狂。我一直想要和你亲密无间，但我故意装出难以接近的样子，因为我知道你非常喜欢这种追逐。"

亨利强打起精神，微笑着说："这就是我爱你的原因之一。"

即使是那些不惜一切代价提倡诚实的人，也一定会看到他们（艾丽斯和亨利）之间的小比赛的美好之处。

说到底，重要的不是你赢了还是输了，而是比赛是否值得参与。不公平地利用他人的比赛很可能会证实这句谚语："善有善报，恶有恶报。"有价值的比赛利用的是机会而不是人。它们有着明确而公平的规则，而且这样的比赛并不是零和游戏——也就是说，一方获胜，并不意味着另一方必须失败。

可用的洞察：
对于比赛最好的防守就是打好比赛。

采取行动

- 当你发现自己不愿意参加一场比赛时，想清楚你是不想，还是不知道如何去比赛。

- 如果你不想比赛，问问自己为什么。如果答案是令人满意的，那么就不要参与。
- 如果你决定比赛，那么调查清楚你要怎么做才能取得胜利。其中一个方法就是研究赢家是怎么做的。
- 学习规则。人际比赛和机构性比赛的规则通常都不是明确表达出来的。弄清楚规则你就已经成功了一半。
- 知己。你具备赢得比赛所需的能力吗？
- 知彼。谁是你的敌人？谁是你的盟友？谁是可以信任的人？
- 学会保持冷静。很多人输了比赛，是因为他们在面对意想不到的事情时会紧张。善用适时停顿的艺术，保持头脑冷静。
- 知道自己的极限。比赛中是否有某些方面会损伤你的尊严，使你不得不停止比赛？

26

装模作样以留下好印象

> 尤其要紧的,你必须对你自己忠实,正像有了白昼才有黑夜一样,对自己忠实,才不会对别人欺诈。
>
> ——莎士比亚(SHAKESPEARE)

"看起来我又要开始一段爱恨交加的感情了,"卡罗尔(Carol)说道,"你知道,就是我爱他,却讨厌自己的那种。"

值得赞扬的是,即使经历了一系列非常失败的关系之后,卡罗尔仍然保持着幽默感。她从小就被教导要谦虚,要尊重别人。她曾经嫁给了一个控制欲强、以自我为中心的男人,后来和他离了婚,然后发现自己在和与前夫一样的男人约会。"他们对我的兴趣取决于我对他们表现出了多大的兴趣。"她说道。现在她34岁,是一名成功的摄影师,她决心要找一个会对她的关心有所回报的男人。

最近,卡罗尔遇到了一个喜欢的男人,但他们第一次约会时,她发现自己陷入了相同的模式。保罗(Paul)主要在谈他自己,约会时,由他来决定要做些什么;而卡罗尔则有所保留,她没有谈论自己的工作，也没有表达自己的看法，并且听从了保罗的所有建议。

> 我们被内心的虚伪背叛了。
>
> ——乔治·梅瑞狄斯（GEORGE MEREDITH）

像卡罗尔一样，我们都试着在一段关系刚开始的时候给对方留下最好的印象。因为我们想要被接纳，我们注意自己的举止，尽量不冒犯对方，并且隐藏自己的缺点和弱点。男人通常会试图让对方觉得自己很有能力，同时隐藏自己的需求或占有欲。他们可能会试图把自己描述成一个敏感的人，但很少有人会真正表现出他们的脆弱，因为这样做就是在承认他们会受到伤害，在他们看来，这等同于软弱。而女性则倾向于隐藏自己的力量和成就，以免吓到男性。她们也不希望给对方留下苛刻或缺乏安全感的印象，因为她们知道这些品质会把男人推开。所以，像卡罗尔一样，她们努力做到体贴和随和。

然而，每一段关系都会有双方放松警惕的时候。这时候，隐藏的缺点、需求和不完美开始暴露出来，而且隐藏的时间越长，冲击就越强烈，对双方关系的破坏就越大。

另一种形式的不真实往往会让问题变得更糟：默默地接受某人做出不顾他人感受的或伤害他人的行为，而不加任何评论。我们担心，如果我们试图让对方负责，我们会显得要求太多，会把他吓走。不幸的是，如果我们不表达异议，那些不可接受的品质就会变成习惯。然后，我们的怨恨就会越积越多，最终会反应过度。然后，我们就会显得过于苛刻、粗鲁和不宽容。

正如我告诉卡罗尔的那样,在一段关系中尽早表现出自己真实的一面是至关重要的。否则,对方会喜欢上一个虚假的你,那只会带来麻烦。亲密是建立在信任之上的。如果你对别人不够信任,无法在对方面前做自己,你就做不到亲密,他也不能。而且,生活在谎言中的人通常给人软弱的印象。在卡罗尔的例子中,那些她努力取悦的男人总是会失去对她的尊重——她自己也是如此。

"现在,保罗喜欢你带给他的感觉,"我告诉她,"但如果他喜欢真实的你,你会感觉更好。"我劝她想办法让保罗知道,她不是那种愿意牺牲自我的女人,她也无法容忍一个以自我为中心的男人。如果他无法接受这个事实,他就不是那个适合她的人。

> 我们与同伴能达成的最崇高的契约是:"让真诚在我俩之间永存。"
> ——拉尔夫·沃尔多·爱默生(RALPH WALDO EMERSON)

卡罗尔的做法非常有创意,赢得了我长久的钦佩。在他们下一次约会吃晚餐时,当保罗滔滔不绝地谈他的事情时,卡罗尔带着神秘的微笑看着他。出于好奇,他问道:"你在想什么?"

"我只是想知道你是不是个混蛋,"卡罗尔说道,"如果你是,我们仍然可以做朋友。我只是想从一开始就说清楚。"

保罗放心地笑了,他说:"我想,当我想给别人留下深刻印象的时候,我会非常地自以为是。"

"没关系，"卡罗尔开玩笑地说道，"我也会变成一个坏女人。"

卡罗尔不同寻常的做法表明，她是一个自信的女人，不会乐呵呵地容忍笨蛋。这引起了保罗的兴趣，还有尊敬。他接着说："嗯，这是个开始。我想知道关于你的一切。"她的诚实也让保罗放松了下来，开始展现出自己真实的一面。

> 真相是难能可贵的东西，诉说真相是令人愉快的事。
>
> ——艾米莉·狄金森（EMILY DICKINSON）

下次当你发现自己摆出一副虚伪的面孔时，问问自己为什么要和一个喜欢虚假的你的人在一起。但是，在你展现出全部真实的自己之前，你要明白如果你展示得太多太快，你会把别人吓跑。我的一个病人每当遇到一个有吸引力的男人的那一刻，就几乎会将她的全部经历都向对方倾吐，而且她还会附上一张清单，上面列明了她在一段关系中到底想要什么。男人们会觉得他们是在面试，而不是在约会。另一方面，如果你等得太久，紧张感就会累积，当终于卸下伪装时，对方可能会感到不满。马克·吐温有一句话说得很对："拿不准的时候就说真话。"但我相信马克·吐温也会同意——说真话和演喜剧一样，时机就是一切。

> **可用的洞察：**
>
> 先展现出自己真实的一面。

采取行动

- 在一段关系中，从一开始就做你自己。你为什么会想和一个不喜欢真实的你的人在一起呢？

- 诚实而不生硬。将你的需求、愿望或失望表达成你的感受，而不是提出要求或发出最后通牒。例如，"你说我们需要谈一谈却又在我说了你不喜欢听的话的时候打断我，这让我很受伤。"

- 当你和对方分享烦恼的时候，不要让对方为你感到难过，或觉得自己有责任解决你的问题。

- 当你谈论你引以为傲的事情时，不要表现得傲慢或者自负。

- 当你表达对某人行为的不满时，（a）在开始说之前先说一些关于他的积极的事情，（b）使用不带有评判意味的短语，比如，"当……的时候我很难过"，（c）邀请他分享一些你让他感到难过的事情。

- 一旦你表现出了自己真实的一面，就这样保持下去。养成诚实的习惯通常需要真正的毅力。

27
嫉妒他人

> 很少有人能够做到尊敬一个成功的朋友，而对他不加嫉妒。
>
> ——埃斯库罗斯（AESCHYLUS）

在斯蒂芬·克莱恩（Stephen Crane）的经典小说中，主人公嫉妒受伤士兵身上的"红色英勇勋章"。显然，希望自己的身体像战场上垂死的人一样被撕裂是一种自我毁灭的表现。但是，嫉妒他人的成功、地位、运气、美貌或其他品质，也是一种自我挫败的行为。

一方面，嫉妒会令你感到羞耻。当别人拥有我们想要的东西时，我们大多数人都认为自己可以祝福他们。当我们做不到的时候——尤其是当我们发现自己希望别人没有我们想要的东西的时候——我们会讨厌自己的心胸狭窄、以自我为中心。而且，总纠结于别人拥有什么，自己缺少什么，会变成一种自我实现的预言[①]：这不仅会让我们看轻自己，而且很少有人会愿意和那些经常感到匮乏的人亲近，或者打交道。

[①] 自我实现的预言是指我们对待他人的方式会影响到他们的行为，并最终影响他们对自己的评价，或自己对自己的评价会影响到自己未来的行动。——编者注

最后，嫉妒会把"足够好"变成"不够好"。它会让你感受到匮乏的痛苦，即使实际上你并不匮乏。你会感到自己如此不幸，以至于无法感到满意、满足或感恩，而这些都是幸福的必要条件。少了这些感受，生活确实是凄凉的。

　　幸运的是，嫉妒并不是一种绝症。以我的经验，克服它的最有效方法之一就是花时间和那些拥有你所渴望的东西的人在一起。从表面上看，这似乎有些奇怪。和那些你觉得你比对方更优越、幸运的人在一起不是更容易避免嫉妒吗？是的，但那只是暂时的安慰。而我要说的这一方法（和那些拥有你所渴望的东西的人在一起），则在两个方面都有疗效。

　　首先，通过与你所嫉妒的人交往，你会看到他们生活的全部，而不仅仅是你所渴望的部分。你可能会发现他们有你想象不到的缺点和弱点，或是一场疾病，一段悲惨的婚姻，一个和他们疏远的孩子，一群敌人。你可能会发现，除了命运赐予他们的恩惠，他们还不得不忍受你未曾经历过的挑战和困难。你甚至可能会发现他们羡慕你。

　　我在一个由5名女士组成的治疗小组中看到了一个令人信服的例子。治疗小组中有一位女士叫琳达（Linda），她又有钱又漂亮。尽管小组的其他人试图掩饰，但她们其实非常嫉妒她，这使她很不舒服。有一天，其中一位女士对琳达的发型赞不绝口。"给你吧。"琳达一边说，一边摘下假发，扔给了那位吃惊的仰慕者。由于化疗的副作用，她的头发掉光了。一瞬间，那些希望自己拥有琳达所拥有的东西的女士意识到，琳达希望自己没有拥有这一切。

> 什么人富有？知足常乐者。
>
> ——《塔木德》(THE TALMUD)

与你嫉妒的人交往的第二个原因是向他们学习。就像铀原子一样，嫉妒所包含的能量既可以转化为破坏性的力量，也可以转化为建设性的力量。它可以让一个人变孤独，也可以激励一个人。它可以把你变成一个抱怨者，也可以把你变成一个竞争者。嫉妒会在你的内心创造一个缺口。如果你深陷其中，就会进一步后退。但如果你用建设性的行动来填补这个缺口，嫉妒就可以驱使你前进。

首先，你可以确定，为了获得让你嫉妒的东西，自己需要具备什么样的品质，以及需要采取什么行动。当然，如果你嫉妒的是继承而来的财富或天生的美貌，或中了彩票之类的好运气，那么你是无能为力的。我建议你接受这样一个事实：生理和命运是不公平的。但是，如果你嫉妒的是，比如在某一特定领域的成功，那么就去研究那些获得成功的人。找出他们获得成功的原因。他们是否拥有你通过努力可以获得的技能、训练成果或个人特质？他们是否拥有一套你可以采纳的人生观或价值观？他们有没有你可以模仿的计划？以我的经验，被嫉妒的人与我们其他人并没有太大的不同。了解他们会让你觉得"我也能做到"，而不是"我希望我拥有那些"。

在你把嫉妒转化为行动之前，你必须先把它转化成一种更容易接受的情绪。第一步是消除你可能感觉到的任何敌意。不要希望别人没有你想要的，或者希望他失去你想要的。然后你可以进入下一个阶段：欣赏。学会欣赏他人的成就或好运，且完全不把它们与自己相联系。如果你欣赏一个人，你可以让他拥有更多，且不会觉得自己拥有的更少。最后，从欣赏转变为效仿。通过在自己身上培养那些令人嫉妒的品质，你将会为自己感到骄傲，并且你不再会嫉妒别人（因为，你无法同时感到骄傲和嫉妒）。

可用的洞察：
如果你用"嫉妒"来为自己加油，那么嫉妒将不会控制你。

采取行动

- 一旦你意识到自己在嫉妒，就停下来。不要冲动地采取对你不利的行动或态度。

- 如果你发现自己在和另一个人做对，提醒自己你不是邪恶的，你只是感觉自己是匮乏的，并试图以任何你能想到的方式减轻痛苦。

- 去了解你嫉妒的人。找出他生活的真相。你可能会发现值得嫉妒的比你想象的要少。

- 试着欣赏和赞美这个人，而不是希望自己拥有他所拥有的。

- 找出是什么品质或技能让那个人获得了你嫉妒的东西。

- 找出你可以效仿这些品质和技能的方法，并采取建设性的行动使自己拥有这些品质和技能。

28
自哀自怜

> 有时候我会自我悲悯,在那段时间内,一阵大风把我带到了天空。
>
> ——奥吉布瓦诗歌(OJIBWA POEM)
>
> 你不可能一边因焦虑或忧愁绞扭双手,一边捋起袖子准备行动。
>
> ——帕特·施罗德(PAT SCHROEDER)

梅琳达(Melinda)花了七年的时间试图挽回一段艰难的婚姻,但最终婚姻还是破裂了,她的丈夫为了另一个女人离开了她。五年后,她仍然耿耿于怀。尽管我努力帮助她朝积极的方向前进,但在大部分的治疗时间里她都在哀叹自己的命运。她诉说着自己如何浪费了最好的年华,如何被迫做一份没有前途的工作,自己将注定要独自度过余生,因为没有人会想要和一个40岁的妈妈在一起,而且所有的好男人要不就是同性恋,要不就已经结婚了,等等。

> 你在寻找悲伤时走过的路和你在寻找快乐时走过的路是一样的。
>
> ——尤多拉·韦尔蒂（EUDORA WELTY）

因为梅琳达坚持认为杯子是半空的，所以她杯子中的水越来越少了。她曾经深信，在这种情况下，她是不可能感到快乐的，因此，她当然是痛苦的。在听从了我的两条建议后，她才开始扭转局面。首先，她在一个受虐妇女收容所做了志愿者，她看到了这些妇女遇到的麻烦，相比之下，自己的麻烦就显得微不足道了。然后，她参加了"匿名离婚"活动（Divorce Anonymous），在活动中，她遇到了一些从类似的情况中恢复过来的女性。她们理解她所经历的一切，但不能接受她这般自怜。梅琳达不能像对待我和她的已婚朋友那样，用"你说得容易"来拒绝她们的建议。

自怜已经成为一种普遍的苦恼。不光是像梅琳达一样被抛弃的女人，这样自怜的人还有：不能生育的夫妇，一个如果时来运转"也许能成为别人竞争对手"的男人，或一个被解雇的工人。酗酒者的成年子女，童年遭受虐待的人，被父母忽视或溺爱的人，父母无法成为自己榜样的人，或父母早早去世的人，同样也会自哀自怜。如果不是童年的创伤导致了自怜，那就是因为近期发生的悲剧，比如疾病、爱人的死亡或经济上的失败。在某些情况下，自怜是因为一些无法改变的个人特征，比如肥胖、丑陋或残疾。有些人是长期的自怜者，当情况改变时，他们会找到新的理由为自己感到难过。你可以很容易地辨认出他们，因为他们在说话时经常会用"要是……就好了"这样的表达。

作为一种暂时手段，自怜可以是一种安慰。就像动物舔舐伤口一样，它给了我们一种抚平伤痛的方法。它还能让我们把注意力从更痛苦的情绪，比如悲伤或恐惧中转移走。如果我们向他人表达自己的这种情绪，自怜可以是一种呼救，一种获得同情，或者摆脱困境的方式——人们对于他们感到可怜的人不会有太多的期望。

但与成本相比，收益就显得微不足道了。一方面，"我好命苦啊"与希望是不能共存的。其实，你在自怜时所浪费的能量本可以被用来改变你的生活。但只要你还停留在过去，你就无法知道如何创造一个更美好的未来。另一方面，虽然获得别人的同情可能是一种安慰，但他们最终会感到厌倦，失去对你的尊重。然后，当他们和你在一起的时候，他们要么会避开你，要么会变得冷漠，甚至充满敌意。

自哀自怜会越来越严重。当你呈现出一个悲伤的形象和缺乏信心的态度时，事情往往会出错，而这只会给你更多的理由为自己感到难过。如果这种循环持续的时间足够长，你就有可能让自己看起来很可怜。

> 知足常乐。知足之足，常足矣。
>
> ——老子（LAO TZU）

如果你掉进了这个自我挫败的陷阱，最好的办法就是寻找新的视角。例如，花时间和真正值得同情的人在一起；让一个朋友诚实地告诉你，听你抱怨自己的情况是否让他感到困扰；加入一个互助小组。

你需要做一个180度的转变,从恼怒转变为感谢,从抱怨转变为感恩。否则,你那半空的杯子将会完全变空。

可用的洞察:

如果你一直自哀自怜,总有一天,你将会真的需要为自己感到难过。

采取行动

- 当你为自己感到难过时,学会意识到这一点。
- 要意识到这是对时间和精力的巨大浪费,也是对他人情感的一种消耗。
- 为不如你幸运的人做点事。这不仅会让你更加意识到自己的幸福,也会让你为自己感到骄傲——你无法同时感到骄傲和自怜。
- 列出生活中所有让你感恩的事情。
- 列出所有比你的预期更好的事情。
- 找出在你的生活中帮助过你的人,并找到一种方式来感谢他。
- 如果你为自己感到难过的原因和别人的相同,那就加入一个互助小组。寻找一个能帮助你克服问题并继续前进,而不是强化无助感的互助小组。在以解决问题为导向的小组中,成员们不仅会分享他们的痛苦,而且会讨论对未来的希望和计划。如果你很难找到合适的小组,就向其他人表达你的愿望,你可能会吸引到那些和你一样希望解决这个问题的人。

29
认为艰难的道路就是正确的道路

> 不要去做对于你来说太难的事,也不要去做你力所不能及的事。
>
> ——《次经》(*THE APOCRYPHA*)

当保罗第一次来找我的时候,我以为他只是一个被学业过多要求所困扰的研究生。他情绪低落,经常头痛、失眠。我建议他休息一段时间,他不同意。"我不是一个轻易放弃的人,"他说道,"我可以承受,只是需要一些药物。"事实上,他需要彻底改变自己的观点。

随着我对他逐步了解,我意识到保罗不同于其他压力重重的学生。一方面,他的内心并不渴望有一天真正从事建筑行业。另一方面,他在本科期间一直在努力学习建筑学的重点学科——自然科学和数学,并且在学习基础材料方面付出了双倍于同学的努力。他为什么要这么做?因为他接受的教育让他相信,有价值的东西都是不容易得到的,做任何事情一定要努力。他的父母在生意场上拼命工作,他的弟弟为了成为一名律师,也同样非常努力。每当保罗想退学时,他就感到羞愧难当,并更加努力地鞭策自己。

在讨论保罗可以做些什么来放松一下时,我了解到他把所有的业余时间都用来帮助他以前的高中篮球教练。他喜欢做这件事,而且希望能投入更多的时间。事实上,作为一名球员,他的篮球水平只能算是熟练,但他对比赛的激情,对复杂之处的把握,以及他拥有的激励和教学的天赋,使他完全有可能成为一名出色的教练。事实上,他已经得到了这样的工作机会。我问他为什么要为了读研究生放弃这份工作,他的回答让我很惊讶,答案和地位或金钱无关。他放弃是因为对他来说,训练年轻球员是世界上最自然的事情。在他看来,这是一种爱好,而不是一份职业。工作不是一件你应该享受或容易做的事情。工作应该是折磨人的。否则,他会感觉自己在作弊。

我告诉他,如果他不做自己喜欢做的事,他就会长期抑郁,或者早衰。我建议他认真考虑当一名篮球教练。

"但这是容易的出路。"他拒绝道。

我做出了反驳,这句话曾经改变了我的人生轨迹:"有时候,简单的出路就是正确的出路。"

我们的社会如此尊崇辛苦的工作,以至于当我们选择去做令自己快乐或舒适的事情时,我们常常会认为自己懒惰或逃避现实。当事情变得太容易时,我们就会起疑心;我们觉得可能有一些隐藏的陷阱,就像是我们被问到一个答案似乎显而易见的问题。"这是一个圈套吗?"我们会想。

> 再简单的事，如果不情愿去做，也会变得很难。
> ——普布留斯·泰伦提乌斯·阿非尔（PUBLIUS TERENTIUS AFER）

这样的想法会让你远离那些能带给你最大满足感的活动。取而代之的，你可能会做一些感觉像是"真正的工作"的事情——一些乏味和困难的事情。然后，当你在那项任务中失败时，你会责备自己，认为自己能力不足或不知道自己在做什么。真正的问题是你不热爱，甚至不喜欢你正在做的事情。你缺少的不是技能或知识，而是热情。当然，即使你不喜欢某些事情，你也可以把它们做好，但只能做一小段时间。如果你缺乏热情，一个小小的障碍或挫折都足以让你放弃。但如果你热爱正在做的事情，你很有可能会坚持下去。

> 追随天赐之福。
> ——约瑟夫·坎贝尔（JOSEPH CAMPBELL）

我经常在那些不善于分派任务的人身上看到这一点。伊莱恩（Elaine）是一位成功的企业家，她工作得很辛苦，因为她坚持亲自处理那些她不仅讨厌而且觉得处理起来很困难的行政细节。她很擅长人际交往。在她看来，与客户和供应商交谈，吸引并说服他们，就像走路一样自然。事实上，正因为这对她来说太容易了，以至于她低估了这类事情的重要性。她觉得如果自己不深入研究管理和财务的细枝末节，就不是一个合格的商人。因此，她并没有把这些责任委托给别人，而是每天花上几个小时来完成她觉得费力的任务。这不仅占用了她发挥真正才能的时间，还让她觉得自己不够好（因为她在这些工作方面做得不够好），而且让她感到内疚，因为她非常讨厌这些工作，所以开始偷工减料。

下次当你投入去做一件很容易的事情时，记住，仅仅因为你很享受做这件事并不意味着你没有在努力工作，只是它让你感觉自己好像没有在努力。不要听信别人的话，认为自己是愚蠢或懒惰的。他们可能是在嫉妒你，因为他们不喜欢自己在做的事情。

可用的洞察：

有时候，简单的出路就是正确的出路。

采取行动

- 如果你过得很开心，事情做起来很容易，不要感到内疚。这并不意味着你不负责任或懒惰。

- 想办法把你喜欢的事情变成一份有意义的追求或事业。

- 如果你被挫折和怀疑所困扰，想一想你有没有可能去做一些对你来说很容易、很自然的事情。

30
认为说声"我很抱歉"就够了

> 忏悔过去；警戒将来。
>
> ——莎士比亚（SHAKESPEARE）

在心理治疗中，最感人的时刻莫过于相当不错的人承认自己背叛、冒犯或利用了他们关心的人。我记得，一位厚脸皮的好莱坞经纪人第一次也是唯一一次当着我的面哭泣，是因为她喝醉了酒，在养老院对着生病的婆婆大喊大叫。还有一位房地产开发商在我面前不由自主地抽泣起来，悔不当初，是因为他在中年时的一段风流往事让妻子悲痛欲绝。在这两种情况下，令他们沮丧的不仅仅是内疚和羞愧，而是不知道如何纠正错误的痛苦。

> 道歉——一个非常绝望的习惯——很少能治愈他人。道歉只是自我中心的外在显露。
>
> ——奥利弗·温德尔·霍姆斯（OLIVER WENDELL HOLMES）

在修复一段受伤的关系时，赔礼道歉至关重要；只有这样，我们才能向对方展示，对于给他们造成的伤害，我们感到很抱歉。问题是，我们常常不知道如何赔礼道歉，所以我们说服自己，只有时间可以治愈伤口，或者我们含糊地快速道个歉，却达不到目的。"我很抱歉"可能只适用于轻微的伤害，严重的伤害需要更强效的药物，而且通常不仅仅是言语。否则，我们伤害的人会继续不相信我们。这只会让我们更加沮丧。然后我们会因为他们不接受我们的道歉而生气。"他们就是不让这件事过去。"我们会这样抱怨，而实际上是我们自己还没有完成赔礼道歉。

> 不要找借口——好好补偿。
>
> ——阿尔伯特·哈伯德（ELBERT HUBBARD）

纠正这种情况的第一步是要理解受伤的一方通常会经历三个情感阶段，我称之为三个H：

阶段1：受伤（Hurt）。坚不可摧的泡泡已经破灭；他们现在意识到自己受到了多么严重的伤害。

阶段2：恨（Hate）。他们会对那些亵渎了他们的信任、偷走了他们的安全感的人感到愤怒。

阶段3：犹豫（Hesitation）。在感到安全之前，他们不会让自己再次靠近这个人。

如果伤害很严重，肺腑之言也会被置若罔闻；只有补偿性的行动才能替换痛苦的记忆，使被冒犯的一方放松防卫。这可以通过三个R来实现：

1. 悔恨（Remorse）。你必须表现出伤害他们也让你觉得受伤。最好的方法是强调："我伤害了你，是不是？"接下来，你可以简单、真诚地说：我知道我错了，我很在乎我的行为给你带来了痛苦。当一个人感到痛苦时，解释是多余的。

2. 补偿（Restitution）。对于轻微的伤害，一个简单的行动，比如送花，可能就足够了。但严重的冒犯可能需要公开忏悔。在养老院发脾气的经纪人不仅向她的婆婆和丈夫道了歉，还向所有看到这一幕的人道了歉。那位有外遇的开发商用了一种简单但有效的补偿方式，在我的建议下，他让妻子发泄怒火，自己则专心倾听，既不反驳，也不为自己辩护。

3. 复原（Rehabilitation）。为了克服再次受伤的恐惧，受伤的一方需要的不仅仅是承诺；只有真正改变行为才能恢复信任。对这位经纪人来说，这意味着参加一个戒酒小组，并证明自己在被婆婆惹恼时可以表现得体。那位房地产开发商和他的妻子一起参加了婚姻咨询，并为化解他的出轨导致的妻子的失望和不满做出了真诚的努力。

通过悔恨、补偿和复原，你可以治愈伤害了你所爱的人的痛苦，同时也向对方表明你是可以被信任的。如果你坚持做这三个R，负担最终会转移到另一个人身上。到了某个时候，他必须愿意放下怨恨，给你第二次机会。如果没有信任，受伤的关系就无法开始修复。

> **可用的洞察：**
>
> 爱意味着你总是要表现出你的歉意。

采取行动

- 试着从对方的角度去感受三个H。想一想：
  - 为什么他可能会感到受伤。
  - 他为什么会恨你伤害了他？
  - 为什么他会犹豫是否要放下防卫，重新信任你？
- 想想如果你处在他的位置，你会需要的三个R。
  - 怎样的忏悔才能减轻你的伤痛？
  - 需要什么样的惩罚或补偿，才能减轻你的愤怒和怨恨？
  - 需要怎样的改变，你才能再次信任我？
- 让对方知道，你意识到自己错了，而且你很在乎自己给对方造成了痛苦。
- 用比金钱更珍贵的东西进行补偿。
- 在今后出现类似的情况时，以一种无害的方式，让他感到安全。

31
把一切都憋在心里

> 悲伤若不说出嘴，就会向负荷过重的心窃窃私语而令其破碎。
>
> ——莎士比亚（SHAKESPEARE）

我曾作为一名专家嘉宾参加过萨莉·杰茜·拉斐尔（Sally Jessy Raphael）的节目，那期节目的主题是家庭秘密。节目中有三位女性嘉宾：一位女士目睹了她的父亲杀死她的母亲，然后自杀；一位女士曾被她的兄弟强暴并怀孕；还有一位女士在孩提时代就被告知她的父亲去世了，但成年后她才知道他与她一直住在同一个小镇上。

我钦佩这些人有勇气向数百万陌生人讲述自己的故事。在镜头之外，我说，说服她们上这个节目一定很困难。我错了。实际上，是她们主动来信要求参加节目的。她们不只是为了寻求关注。她们迫切需要倾诉自己多年来背负的秘密，她们选择这个节目是因为她们认为萨莉是值得信任的，而她的那些看不到面孔的观众似乎没有什么威胁。显然，这些受折磨的灵魂渴望得到解脱。

这段经历让我真正明白了一件我早就知道的事情：谈论可怕的经

历是多么重要。

> 表达能抚慰患病的心灵。
>
> ——埃斯库罗斯（AESCHYLUS）

当你经历了可怕的事情后，你明显会感到痛苦、恐惧和失落，而且通常还伴随着另一种直击人心的感觉：孤独。即使在共同的创伤中，比如洪水或地震，每个人的感受都不同，但每个人都或多或少地感到孤独。例如，失去孩子的夫妻通常会一起悲伤，但他们体会悲伤的方式却不相同。对于母亲来说，主导的感觉通常是失落，她给予母爱的对象消失了。对于父亲来说，压倒性的感觉常常是耻辱，因为他未能扮演好保护者的角色。把自己的感觉说出来可以减轻孤立感；你会更多地觉得自己是这个世界的一部分，而不是远离了这个世界。

此外，表达自己也是净化情绪的一种方式。一个可怕的事件会在你心里留下有毒的残留物，而向另一个人讲述就像是用注射器抽出体内积存的毒素。如果你不能摆脱这种毒素，你将不得不使用诸如拒绝和压抑这样的防御机制来远离恐惧。毒素会逐渐累积，直到污染了你的身体、思想和灵魂，并可能给你带来灾难性的后果。

你能越快、越完整地表达自己，你的创伤就能越快、越容易地愈合。早点儿说出来就像摔倒后重新骑上自行车。你等待的时间越长，事情就会变得越可怕。而且，你所压抑的痛苦会累积，类似的情感会聚集。最终你可能会患上心身疾病或恐惧症。

那么，我们为什么要把痛苦憋在心里呢？与所有自我挫败的行为一样，这似乎是更有利的选择。一方面，我们担心说出来会令自己难以承受。毕竟，每当这份记忆在脑海中闪现时，我们感到的是痛苦，而不是解脱。我们认为把这件事告诉别人会让事情变得更糟。我们还担心，如果我们向错误的人倾诉，那么我们根本不会感到安慰，而且我们只会加重他们的负担，让他们感到厌烦。我们的感受可能会被忽视或被轻视，并且我们将会觉得自己很愚蠢。另一方面，我们害怕将痛苦的记忆说出来之后，就不仅仅是回忆这份痛苦，而是会重新体验一遍，并令自己难以承受。

作为一名治疗师，我会问一些具体的问题，鼓励病人详细描述可怕的事件：那是什么颜色？声音有多大？房间里冷吗？你能闻到什么吗？在一个安全的环境中，通过回忆可能被压抑的感觉，再次体验某个事件，这可以促进心灵的疗愈。

盖伊（Gay）的经历就是一个很好的例子。盖伊是一个在家里经营邮购业务的单身母亲。一天，她工作很忙，忘记了关前门。她在打电话时，突然听到刺耳的刹车声、尖叫声和可怕的撞击声。盖伊匆忙跑出去，发现她的孩子鲜血淋漓，昏迷不醒，一个情绪异常激动的司机正对孩子进行紧急施救。孩子活了下来，但终生毁容。盖伊内心充满了负罪感，时常被噩梦困扰，那段记忆对她来说太痛苦了，以至于她无法和别人讲述。但一段时间之后，她终于把这个可怕的故事完整地讲了出来，包括她的孩子受伤倒在街上的惨状以及她在急诊室感到的羞愧。通过将这些痛苦倾诉出来，盖伊内心的创伤开始愈合，最终她原谅了自己。

> 眼泪之于灵魂,恰如肥皂之于身体。
>
> ——犹太谚语

因为治疗师们接受过倾听的训练,而且法律要求他们恪守保密原则,所以他们往往是倾听你的故事的最佳人选。但他们并不是唯一的好听众。有时最好的听众是那些经历过类似恐怖事件的人。这样的人最有资格令人信服地说出"我理解"和"你并不孤单"。因此,同伴支持小组常常是治疗过程中不可或缺的辅助手段。

不管他们和你的关系如何,好的倾听者都有一些共同的特点:他们会仔细、耐心地倾听你讲述,不会把你的话当成耳旁风;他们会接纳你的感受,不会忽视或轻视它们;而且,或许也是最重要的,他们有足够的智慧来证实,你的经历真的是可怕的。

仅仅回想一段可怕的记忆或向一个冷漠的人倾诉是不够的。只有感受到自己真正的感觉,你才能治愈自己;只有感到安全了,你才能感受到自己真正的感觉;只有有人愿意倾听你的遭遇,直到痛苦消失,你才会感到安全。

可用的洞察:

向别人诉说恐惧有助于治愈伤痛。

采取行动

- 找一个有同理心的人，与他分享你的故事。
- 请对方允许你不受时间限制，充分地表达自己。
- 请他聆听，不要评判、质疑或评论你所说的话。
- 尽可能详细地描述你的经历，包括你看到的、听到的、尝到的、闻到的，最重要的是，感觉到的。

32

过早放弃

> 只有持续不断的精进,才可以使荣名永垂不替;如果一旦罢手,就会像一套久遭搁置的生锈的铠甲,谁也不记得它往日的勋劳,徒然让它的不合时宜的式样,留作世人揶揄的资料。
>
> ——莎士比亚(SHAKESPEARE)

保罗聪明、有魅力、精力充沛,他是个有大想法的人,并且有能力让别人为这些想法而兴奋。他本该取得巨大的成功。但他的每一次冒险,就像他做过的每一份工作一样,最终都令他感到失望。他的妻子露丝(Ruth)对此感到厌倦。九年来,她一直在支持他的冒险和工作。"他只是还不够努力。"她抱怨道。

事实上,保罗并不需要更加努力,他需要尝试一些不同的方法。当他创办一家新企业时,他刚开始会满腔热情,但到了处理细节工作的时候,他就变得焦躁不安,并且会因为一些延迟和障碍而感到灰心丧气。如果保罗是一名运动员,那么一开始他会遥遥领先,后来,当对手超越他的时候,他就会变得大失所望。他需要学习一家大公司的首席执行官曾经对我说的话:"成功的关键是忍受无聊。"成功需要修正、调整、排除错误。如果你只对新奇的事物感到兴奋,而无法忍受过程中乏味的部分,你就会失去耐心,然后放弃。这就是保罗的遭遇。一旦现实摆在眼前,兴奋感减弱,他就会认定,自己所追求的一切都是错误的或徒劳的。他会说,"事情并没有像我想的那样发展,"或者,"这不是我真正想做的。"

> 达成伟业,不在力量,而在持之以恒。
>
> ——塞缪尔·约翰逊(SAMUEL JOHNSON)

厌倦并不是我们过早放弃的唯一原因。当某件事,不论是工作还是婚姻,比我们预想的要困难时,我们中的一些人会觉得不值得去努力。当我们遇到的障碍暴露了自己某方面的弱点或不足时,尤其如此。对羞辱的恐惧粉碎了我们坚持下去的意愿。当然,我们不会对自己承认这一点。我们只会为自己寻找"止损"的理由。

和大多数自我挫败的行为一样,放弃也是有一定作用的。当我们感觉陷入困境时,放弃可以减轻我们的沮丧和焦虑感。它使我们免于面对更深层次的恐惧——例如,我们不具备获得成功的条件。它也可以是一种伪装的呼救,或一种寻求鼓励的方式。男性尤其容易出于骄傲而放弃;对他们来说,寻求帮助就像乞讨一样。这就是为什么需要50万个精子才能让一颗卵子受精:男人太骄傲了,不屑问路。

但是,获得放弃后的舒适感需要付出高昂的代价,不仅仅是显而易见的代价，即没有达到我们的目标。当我们一而再，再而三地放弃时，别人将不再相信我们，最终我们也将不再相信自己。没有人会尊重一个半途而废的人。我们也永远无法懂得坚持不懈的价值，学不会克服困难和挫折所需要的技能。

当然，有些时候，世界上所有的努力和善意都无法挽救某个项目或某段关系。但是暂停和放弃是有区别的。暂停意味着重新评估和调整你的行动路线。放弃意味着投降，意味着退出，意味着让自己卸下责任的担子。

> 失败并不是摔倒在地，而是倒地不起。
>
> ——玛丽·璧克馥（MARY PICKFORD）

如何区分放弃和明智地止损？一种方法是回顾过去，了解自己的一贯模式：你是更有可能太早放弃，还是坚持太久？从知识渊博的人那里获取信息也是有帮助的。用这些信息来判断自己是否已经考量过所有的可选项，收集了所有的必要信息，寻求了所有可能的帮助。如果你还没有，那么很可能你放弃得太早了。

你知道那句老话，"如果你受不了热，就离开厨房。"好吧，如果你总是厨房一热就出去，那么你的生活终将变得不圆满。

> **可用的洞察:**
> 比起成功或失败,你更能控制自己是要努力还是放弃。

采取行动

- 想想你上一次放弃某件事的时候,回顾一下这样做的积极和消极后果。
- 看看现在的情况,写下这个时候放弃的潜在利弊。
- 把其他选择列成一张清单,写出每种选择的利弊。
- 寻找那些客观、不带偏见的人,请他们帮助你评估情况。(你可能会想和那个人一起完成前面的两个步骤。)
- 如果你想放弃,问问自己为什么,为什么是现在。理由是正当的,还是你只是希望逃避一些不愉快的事情,比如尴尬或无聊?
- 如果你决定坚持下去,那就向你可以依靠的人寻求帮助和支持。

33

让别人控制你的生活

> 要在自己身上找到幸福是不容易的,要在别的地方找到幸福是不可能的。
>
> ——艾格尼丝·雷普利尔(AGNES REPPLIER)

弗兰(Fran)是一名32岁的律师助理,她自称是"取悦他人的女王",我说她得了"柴郡猫①综合征"(The Cheshire Cat Syndrome)。她告诉我,她感觉自己就像《爱丽丝梦游仙境》(Alice in Wonderland)里的那只猫一样,在有形与无形之间变换,永远不变的是脸上的微笑。弗兰在与父母、老板、朋友和情人交往时都面带微笑,但现在,在接受治疗的时候,她的表情因为痛苦而扭曲。"我变得越来越隐形了,"她说道,"我害怕我会完全消失,我不知道怎样才能让这个趋势停下来。"

和弗兰一样,很多人都太在乎别人对自己的看法,以至于忘了自己。这就好像,你行驶在通往自尊的道路上,途中要经过一个收费站,

---

① 柴郡猫:《爱丽丝梦游仙境》里的一只咧着嘴笑的猫,拥有能凭空出现或消失的能力,甚至在它消失以后,它的笑容还挂在半空中。——编者注

里面有其他人的观点，每当你开车经过这里，你都要用自己的部分特质来买单（以至于逐渐失去自己）。

我在心理治疗中看到，许多成年人在童年时期无法记住很多关于自己的事情，但却能清晰地记住其他人。他们能回忆起父母何时感到快乐或悲伤，兴奋或疲惫，高兴或生气。这是因为，当他们还是孩子的时候就已经知道，要想获得安全感，就要去做那些能让生气的爸爸微笑或让沮丧的妈妈开心的事情，并且知道如何避免让父母感到生气或沮丧。他们关注的不是自己的活力、主动性和成长，而是努力让自己的家更平静、更安全。因此，他们的价值感取决于他们所依赖的人对他们的看法：当他们的父母看上去很高兴时，他们会觉得自己是有价值的；当父母看起来不开心的时候，他们会觉得自己表现得很糟糕，应该受到责备。

> 我无时无刻不在想叫你高兴，可是你的心里仍在持续进行着一场葬礼。
>
> ——阿瑟·米勒（ARTHUR MILLER）

成年后，过分关注他人的欲望、愿望和需求会使你形成一种"证明—展示—隐藏—取悦"的性格。你一生中的大部分时间都在向别人证明自己，向他们展示你的价值，隐藏不愉快的事实，取悦他们——所有这些都是为了让自己感到安全和有价值。

如果你的动机是向别人证明你自己，那是因为你觉得他们不相信你。你会想，"我会证明我配得上他们的信任。"证明源于深深的受伤感，而展示源于愤怒。你认为他人不相信你，所以你做出了这种回应。因为你认为他们觉得你是骗子或说谎者，所以你必须不断地证明你是真实可靠的。

隐藏的动力是恐惧。你认为别人是心胸狭窄的、不宽容的，如果你犯了错误，你要变得小心翼翼，以防被攻击。所以你过着一种秘密的生活，这样就不会受到批评，但你也无法表露真实的感情和个性。取悦他人通常是因为，你感觉让别人快乐是被爱和被接纳的条件。你让步和安抚，以创造一个愉快的环境，当你失败时，你总是会感到内疚。

在某种程度上，大多数处于亲密关系中的人都会将自己的幸福与他人的情绪联系在一起。但当你因为证明、展示、隐藏和取悦而变得疲惫，以至于放弃了自己对于生活的控制，在他人的祭坛上牺牲自己的需要和愿望时，悲剧就会发生。你也许可以暂时认为这种生活方式是合理的，内心发誓有一天会回到自己的生活。但是如果你等得太久，你可能会发现自己完全迷失了。

可用的洞察：
为他人而活就一定会失去自我。

采取行动

- 给自己打分，分数范围是0到10，0分代表完全不是，10分代表完全是，判断自己"证明—展示—隐藏—取悦"的程度有多深。在你最重要的人际关系中,你花了多少精力向别人证明自己?得到答案后,也分别给展示、隐藏和取悦打分。

- 如果这四个分数的总和超过20分,你可能更多的是为别人而活,而不是为自己。你在压抑自己的愿望、兴趣和志向,以使别人以某种你希望的方式看待你。
- 要意识到你能让别人变得快乐的能力很弱小,也几乎没有能力让别人一直快乐下去。
- 告诉对方他没有做错什么,但是你已经意识到自己倾向于顺从他,有时候这么做甚至是不利于自己的。
- 告诉他,从现在开始,你打算诚实地表达你的反对意见和失望,希望他能理解。
- 监督你的后续行动,每月给自己评一次分,就像第一步所做的那样。
- 寻找那些不会期望你重视他们多过重视自己的人。你现在可能不会被他们吸引(因为你正被自己熟悉的人,也就是你能取悦和服务的人吸引)。但对你而言,和熟悉的人在一起可能并不是件好事。

34

顺其自然，不做计划

> 一个人的命运掌握在自己手中。
>
> ——弗朗西斯·培根（FRANCIS BACON）

治疗师几乎每天都会听到有人说，"从现在开始，情况会有所不同"或"我再也不会那样做了"。遗憾的是，他们每天也会听到有人懦弱、沮丧地说，"没有什么变化"或"我又搞砸了"。

有时候，誓言是不假思索说出来的，只是因为这样做的感觉很好。它能让我们为自己的良好愿望而感到自豪，或者通过向他人保证将来事情会有所不同，他们不会再受到伤害，不会再失望或被冒犯，从而让他们感觉更好。在这些情况下，誓言具有如竞选承诺一般的持久影响力，也就不足为奇了。我们的誓言往往是真诚的。我们说话算数。我们希望未来是不同的。我们有改变的意愿。但问题是，我们顺其自然，假设良好的意愿足以让事情顺利发展，而我们可以在此基础上即兴发挥。

> 徒有美好的愿望而无行动，毫无用处。
>
> ——英国谚语

如果你真的希望事情在未来有所不同，你必须知道如何去改变。你需要一个计划。否则，未来很可能是过去的重演，甚至更糟。你可能会开始改变，但如果缺乏相应的工具，最终你将难以实现自己的愿望。就像自然界的生物在真空环境下无法生存一样，人类同样天生憎恶犹如真空一般的未知环境。当面对不熟悉的环境时，你可能会觉得毫无准备，并试图用那些尝试过可靠的、真实的行为来填补真空，但这些行为可能无法帮助你实现新的目标。结果，你不仅会感到羞愧和失望，还会陷入真正的麻烦。

我看到过这种情况发生，例如那些即将退休的辛勤工作的男人。"我等不及了，"他们说道，然后他们开始滔滔不绝地讲述着他们将要进行的旅行和将会沉溺其中的爱好。但他们未能妥善规划自己的财务状况，最终梦想破碎，一生都要工作。有些人在财务上进行了规划，却没有在时间上做计划。当被问及退休后打算做什么时，他们回答说："到时候我再去想这个问题。我期待着做任何我想做的事。"等那一天到了，他们不知道自己该做些什么。他们最终会觉得自己一无是处，让周围的人痛苦不堪。正如其中一位男人的妻子所言："他年轻、头脑灵活的时候尚且无法考虑事情周全，现在他老了，思维也僵化了，又怎么会考虑事情周全呢？"

我也曾见过这种情况发生在30多岁的单身女性身上，她们听到了自己生物钟的滴答声。她们太想要一个孩子了，以至于抓住了任何可能的机会，而不管自己是否找到了合适的伴侣。当被问及她们将如何抚养孩子，如何协调工作与照顾孩子，或者如何买一套更大的公寓时，她们似乎确信母爱足够强大，可以克服任何障碍。陷入爱情中的人也有类似的错觉。无论他们是年轻的罗密欧和朱丽叶，还是中年的浪漫主义者，他们只知道这一次会有所不同，他们跟随着自己的内心，不让自己的头脑去思考与另一个人共同生活需要面对的挑战。爱能征服很多东西，但不能征服一切。

> 等待财富从天而降的人三餐不继。
>
> ——本杰明·富兰克林（BENJAMIN FRANKLIN）

当我们处于改变破坏性行为的紧要关头时，过于顺其自然会产生可怕的后果。以一个承诺不再虐待妻子的男人为例。他受过惩戒，悔过自新，也许还受过法律的惩罚，他可能是真心实意想改正。但是，如果没有一个计划（比如：承诺接受治疗，努力解决导致他不满的原因，用非暴力方式应对冲突的行动方案），那么当再有什么事情刺激到他时，他很可能还会像以前一样冲动行事。

同样的，那些发誓要戒烟、戒毒、戒酒或戒掉其他有害习惯的人，如果顺其自然，就注定会复发。仅仅宣称"我再也不会暴饮暴食了"或者"这是我最后一次赌博"是不够的。如果没有一个抑制冲动的计划，那你就不太可能会成功。例如，那些进行速效节食的人，很快就减掉了很多体重，但他们很少有人制定了保持体重的计划；因此，最终他们比以前更胖了。这就是为什么像匿名戒酒互助会这样的项目能起作用。这是一个计划，它提供了一种停止和强制执行的方法。

> 机遇是个没有意义的词；任何事物都不会无缘无故地存在。
>
> ——伏尔泰（VOLTAIRE）

在《梦幻之地》（*Field of Dreams*）中，由凯文·科斯特纳（Kevin Costner）扮演的主角听到一个声音说："你盖好了，他就会来。"他制定了一个计划并坚持执行，最终他内心深处的梦想实现了。想要事情变得不同，却没有一个让它们变得不同的策略，那么事情只会保持原样。但如果你制定了计划，你就可以去执行它，如果你执行了它，目标就会实现。

可用的洞察：

一盎司的计划抵得上一磅①的运气。

采取行动

- 一开始就心怀目标。清晰而具体地想象你希望事情如何发展。问问你自己，想要实现什么，什么时候实现，在哪里实现，在你的脑

---

① 一盎司约等于28.35克，一磅约等于453.6克。——编者注

海中形成一幅未来的画面。

• 现在问问自己该如何做。弄清楚你需要做些什么才能实现目标。

• 如果可以的话，把你的目标分成几个小目标。你必须采取什么具体步骤来实现每个目标？

• 仔细检查以确保计划可行。

• 弄清楚你需要什么样的帮助。你需要专家吗？钱吗？家人的支持还是牺牲？

• 想办法监督自己的进展。除非你定期跟进，否则你可能无法坚持到底。一种方法是公开你的计划；向你信任的人阐述你的计划，并请求他们监督你。

• 如果你有放弃计划的冲动，下定决心不要放弃，除非你对改变计划已有方案。

35
让恐惧支配你的生活

> 我们唯一应该恐惧的就是恐惧本身。
>
> ——富兰克林·德拉诺·罗斯福
> （FRANKLIN DELANO ROOSEVELT）
>
> 每一次经历都让你获得力量、勇气和自信，而你也将因此不再害怕。你可以对自己说："我已经经历过这样恐怖的事情了。以后再遇到的话我肯定没有问题。"
>
> ——埃莉诺·罗斯福（ELEANOR ROOSEVELT）

今年52岁的斯坦（Stan），是一家航空航天公司的机械工程师，他每天开车40英里[①]去上班。后来他出了车祸。经过短暂的恢复，他的身体状况良好，但精神上的伤却一直没好——他害怕开车。为了保住自己的工作，他勇敢地和陌生人拼车，但每天一路上都紧张得要命，几乎要把别人逼疯。

---

① 40英里约等于64.37千米。——编者注

露丝今年43岁，她是一所高中的校长，也是三个孩子的母亲。当她发现她的丈夫泰德（Ted）有外遇时，她陷入了混乱。尽管特德表现得很懊悔，并且真诚地努力解决导致他不忠的婚姻问题，但每当特德离开露丝的视线时，她都会因为恐惧而充满无力感。后来情况变得非常糟糕，以至于她的生活陷入了停顿。

斯坦和露丝有什么共同之处？他们都是精神创伤的受害者，因为害怕再次受伤而恐惧到无法行动。

> 生活中没有可畏惧的东西，它只是尚待了解。
> ——玛丽·居里（MARIE CURIE）

创伤往往会造成连续两次的打击。第一击击碎了我们的纯真和安全感。第二击则不是创伤本身，而是害怕那件事会再次发生。曾经我们信任的地方，现在却被建起了一道恐怖之墙。我们的脆弱本质已经暴露了，我们认为，如果再发生一次，我们将受到不可逆转的伤害，甚至可能无法生存下去。这种深深的忧虑会导致退缩。如果忧虑感特别强，甚至可能会患上恐惧症，即逃避的终极形式。

可悲的是，对第二次创伤的恐惧可能比创伤本身更具破坏性。露丝对未来如此恐惧，如果她的丈夫（一名外科医生）因为太累而没和她做爱，她就会认为他已经和一个情妇做过爱了。露丝非常害怕其他女人，所以她坚持让特德远离社交活动。她甚至查看了他的患者档案，想要看看他治疗的是哪种女性。一段时间之后，相比特德的婚外情，露丝的多疑对婚姻造成了更大的威胁。

认为同样的事情会发生第二次的倾向源于幼儿时期。当一个孩子受到创伤，比如在跳水时撞到池底或从自行车上摔下来，他会觉得自己没有受到保护。如果父母对这件事太过小题大做，在孩子的眼里，鼹鼠丘就会变成一座大山："让爸爸、妈妈如此心烦意乱的事情一定是非常可怕的，所以我最好不要再尝试了。"反过来，如果父母过于轻视孩子受到的创伤，那么孩子不仅会感到受伤，还会感到孤独。从心理上讲，孤独比受伤更可怕。无论是哪种情况，最终的结果都会导致他们一蹶不振，不敢再次尝试。情感上的记忆也会被埋藏在心灵深处。成年之后，当一种新的创伤重新引发这种感觉时，他们要么会通过在自己周围建造一道心理护城河来保护自己，要么会被复发的恐惧所困扰。

> 征服恐惧就是智慧的开端。
>
> ——伯特兰·罗素（BERTRAND RUSSELL）

聪明的父母则会安慰他们受到创伤的孩子，然后在恐惧使他们变得脆弱之前，鼓励他们再试一次。当孩子们再次跳进游泳池或骑上自行车，然后发现自己没有受伤时，他们就会知道自己是拥有复原力的。他们也会知道，如果他们勇敢地面对恐惧并采取行动，悲剧就不会再次发生。

这正是成年人在受到创伤时应该做的。只有继续生活，采取积极的行动，我们才能克服恐惧。以斯坦为例，我说服他重新开始开车，先是在小道上，然后在大街和林荫大道上，最后尝试在高速公路上开车。对露丝来说，解决方法就是表现得好像她信任她的丈夫一样。当他离开小镇去出差时，她强迫自己祝他旅途愉快。她还强迫自己在参加聚会时，无论何时当有别的女人在场时，都努力做到不粘着自己的丈夫。一旦泰德证明自己是值得信赖的，露丝就能真正地信任他，继续过她的生活。

当你被生活的变迁所伤害时，感到害怕是正常的。失去平衡是正常的。想要缩进保护壳里也是正常的。但你越早恢复正常的生活，你就越不会成为一个受害者。行动胜于恐惧。

> **可用的洞察：**
> **感到害怕并不意味着你处于危险之中。**

采取行动

- 要意识到，你感到脆弱并不意味着你是脆弱的。承认你感到害怕，并下定决心不让恐惧主宰你的生活。
- 接受这样一个事实：有些事情是无法预测或预防的。
- 要意识到，恐惧和逃避比你所害怕的东西对你的害处更大。
- 尽快回到你的日常生活。如果你不能一次完成所有的事情，那就分成一些更小的步骤来逐步恢复正常。
- 如果有需要的话，找一个值得信任的人帮助你，这个人会鼓励你做一些你认为自己做不到的事情。

- 留意到你采取的每一个行动都减少了你的恐惧。这就像是一连串的疫苗接种。
- 聚集于你的复原力。牢记你曾经从创伤中挺了过来,并且确信以后再遇到这种问题,你同样能够挺过来。

36
在经历失去后无法继续前进

> 悲伤是瞬间的痛苦;沉溺于悲伤是一生的错误。
>
> ——本杰明·迪斯雷利(BENJAMIN DISRAELI)

玛丽(Marie)遭受了一个人所能承受的最严重的损失:一个孩子的死亡。这种事一直是灾难性的,玛丽面对的情况尤其难以承受。她已经长大的女儿因为拒绝了一个男人的求爱,被那个男人残忍地杀害了,而且凶手很有可能会逃脱法律的制裁。此外,最近,她的母亲去世了,她自己也因为癌症失去了自己的乳房。玛丽觉得自己找不到任何继续活下去的理由了。

为了争取时间,我让她答应在凶手被绳之以法之前不会自杀。但除了来我这里接受心理治疗外,她几乎什么也不做,只是盯着自己的花园和女儿的照片。她的丈夫和我都劝她继续过自己的生活。"这件事不过去,我就没办法继续生活。"她说道。

"正好相反,"我回答道,"除非你继续过自己的生活,否则这件事将不会过去。"我解释说,只有强迫自己做别的事情,创造新的记忆,才能减轻日夜纠缠着她的痛苦的想法给她带来的影响。

悲伤当然是合理的。没有理由仅仅因为一段惯常的哀悼期已经过去,就需要假装悲伤已经结束。但是,如果你不在某个时候重新振作起来,投入自己的生活,你就会成为过去的囚徒,陷入持续悲伤的催眠状态。如果发生这种情况,你遭受损失的那一年可能不仅是你生命中最糟糕的一年,而且是你生命终结的开端。

> 过去不过是新生活的开端,现在和过去所有的一切都不过是黎明的曙光。
>
> ——赫伯特·乔治·威尔斯(H. G. WELLS)

遭受巨大损失的人们会因为一些原因而犹豫不前。他们可能太过依赖自己所爱的人,以至于失去爱人之后,他们就觉得自己无法正常生活。或者,他们可能会因为人们同情自己而感到安慰。他们没有意识到的是,人们最终会失去同情心,开始回避他们。人们执着于悲伤的另一个原因是他们对于逝者可能仍存在负面情绪,将逝者理想化,可以减轻他们的内疚感。还有一种观点认为,继续前进是对逝者的不尊重。但在我与垂死病人打交道的这些年里,我从未听到有人对所爱的人说"永远为我悲伤"或"请不要再婚"。相反,他们总是说"不要浪费时间为我哀悼。继续过你的生活。我希望你过得快乐"。最终,许多哀悼者认为现在的生活不可能和以前的一样了,没有必要再费劲继续向前了,但我们的目标并不是取代那些无法被取代的东西,或复制那些无法被复制的东西,而是为新的记忆创造机会。

最困难的事情之一,也是最重要的事情之一,就是在你经历失去的领域创造新的记忆。例如,失去配偶的人往往会更多地投入到工作中,或花更多时间与朋友和孩子在一起。虽然这的确比孤立自己要好,但都不如约会那么有建设性。在适当的哀悼之后,与另一个男人或女人建立亲密关系,通过在失去的领域创造新的记忆,可以加速伤口的愈合。

> 行动是对悲伤唯一的治疗。
> ——乔治·亨利·刘易斯(GEORGE HENRY LEWES)

当然,不一定要做完全相同的事情,而且在某些情况下这也是不可能的。例如,像玛丽这样的中年女性不能再生育一个孩子。但是,她可以把自己的精力投入到一个近似的领域。她的女儿在某种程度上代表了一个需要关心和帮助的人,一个需要她的人。她的内心曾经满怀养育的需求,女儿的逝世让她感到非常空虚。因此,在我的敦促下,她在一家医院做了志愿者,并加入了一个为被杀儿童的父母服务的互助小组。最后,她帮助了一个丈夫刚被杀害的悲痛欲绝的年轻女子。以这种方式帮助他人给玛丽注入了新的能量。她能够更加自信地面对起诉杀害女儿凶手的检察官,并加入了为受害者争取权利的游说团体。如今,三年过去了,在经历了最具毁灭性的创伤之后,她在生活中创造了新的深刻记忆。

当你遭受严重的损失时，你必须接受这样一个事实：生活将不会再是原来的样子。如果你不能从失去中走出来，那就开始创造新的记忆，也许，随着时间的推移，你也将从这件事中走出去。

> **可用的洞察：**
> 创造新的记忆，从失去中走出去。

采取行动

- 逐步给你的悲伤划定界限。如果你失去了所爱的人，而且你把房子变成一个陵墓，那么把它变回一个活着的人的家。如果有必要，可以整理出一个房间，把逝者的遗物放在里面，或者把纪念逝者的照片放进一个相册里。

- 在内心做同样的事情，让回忆过去的时间一天天减少。

- 开始创造新的记忆来冲淡痛苦的回忆。参与新的项目、工作，认识一些新朋友。

- 不要只是打发时间，试着选择做一些有意义的活动来提高你的自尊感，让你为自己感到自豪。例如，花时间帮助那些不如你幸运的人。

- 加入一个互助小组。只有同病相怜的人才能令人信服地说出"我知道你的感受"，并且减轻你的孤独感。

37
当离开是对的时候却选择不离开

> 我整天都在拨弄琴弦,而要唱的那首歌却没有唱出来。
>
> ——拉宾德拉纳特·泰戈尔(RABINDRANATH TAGORE)

很多病人不是在身处困境的时候来找我,而是在摆脱困境之后。他们可能最终走出了一段不幸福或受虐待的婚姻,放弃了一份令人沮丧的没有前途的工作,或者不再把时间和精力投入到失败的冒险中。他们应该感到解放和解脱。恰恰相反,他们充满了困惑和遗憾。他们在后悔什么?他们后悔自己本可以更早地逃离痛苦,却浪费了那么多时间。他们为什么会困惑呢?因为他们不知道是什么让自己花了这么长的时间才逃离了那种境况。

人们在糟糕的境况中待太久的原因有很多。一方面,按兵不动意味着不需要冒险改变;另一方面,忍受熟悉的困难往往比面对未知更有吸引力。如果他们辞掉了那份令人沮丧的工作,但找不到更好的,或者结束了一段糟糕的婚姻,但最终孤独终老,怎么办?维持原状,他们就不需要承担做出痛苦决定的责任。"我无法伤害我爱的人。"许多不快乐的夫妻告诉我。违背誓言和抛弃伴侣会令他们感到内疚，这往往足以让他们坚持下去。他们想方设法说服自己相信留下来是更明智的选择。他们告诉自己境况一定会变好；生活本就是艰难的；认为改变了环境，境况就会有所不同是非常愚蠢的想法。他们认为自己找不到更好的配偶、工作、房子或任何东西，所以不妨试着满足于自己所拥有的。

> 我的朋友，我要告诉你一个天大的秘密。不要等待最后的审判来临，因为这样的审判每天都在进行。
>
> ——阿尔贝·加缪（ALBERT CAMUS）

但这种合理化会让你付出惨痛的代价。如果你等待的时间太长，很快就会变得来不及。你可能会失去选择的机会，并且这些机会都有可能让你变得更好。你可能也会开始认为自己有问题。"我一定做得不够好，"你会想，"也许我应该更努力一点。"结果你对自己的要求超出了合理的范围，或者当你已经做得够多，再多的努力也无济于事的时候，你却试图付出更多的努力。最后，你开始觉得你无法再主宰自己的生活。你的激情和热情被侵蚀了。如果幸运的话，具有讽刺意味的事情可能会发生：你会变得如此不快乐，如此怨恨，以至于情况真的发生了改变，但这些改变不是你主动做出的，你的配偶因为再也无法忍受而离开了你，或者你的老板觉得忍无可忍而解雇了你。但更有可能的结果是，你感到筋疲力尽，感觉自己提前衰老了。

等待太久可能会导致灾难性的后果。我认识的一位高管对一位新员工有不舒服的感觉,但他认为这名新员工很有前途,所以把他留了下来,后来被他骗走了2万美元。另一个例子是一位38岁的女士,她的年龄越来越大,但她依然和未婚夫在一起,盼望着他能改变自己的想法,愿意要一个孩子。"他会回心转意的,"她肯定地告诉我,"他和孩子们相处得很好,他只是正专注于自己的事业。"她还解释说,在这个年纪,她不太可能找到其他符合她要求的人了。但我上一次见到她时,她快41岁了,依然没有孩子。

> 生命是一段旅程,预设了它自己的变化和运动,而人则试图在永恒的冒险中捕捉到它们。
>
> ——劳伦斯·凡·德·普司特(LAURENS VAN DER POST)

当然,你不能一有想要改变的想法,就随意地去做出改变,否则你有可能会做出另一种自我挫败的行为:过早放弃(自己拥有的一切)。你需要寻找能够表明你的这种想要改变的渴望是认真而迫切的标志(你可以将这些标志作为你判断自己是否需要做出改变的依据)。一个是失去兴趣、热情和专注——或者,就恋爱而言,失去激情。你可能会因为不够努力而感到内疚,但其实问题可能是你的心已经不在那里了。另一个是发现自己常常幻想,例如想象自己在做一份不同的工作,或者和另一个情人在一起。除此之外,还有一个证明你需要做出改变的强有力的标志,那就是在某些场合变得忧郁或沮丧。生日、新年、结婚纪念日、你开始工作的日子——这些日子不仅可以是庆祝的时刻，也可以是你做出判断的时刻。如果在这些时刻你感觉自己停滞不前，如果你觉得自己落后了，或者觉得你离自己想要达到的目标还差得很远，那就认真考虑一下是否要做出改变。

外交官们说，相比不认识的盟友，他们更愿意与认识的敌人打交道。然而，有时更明智的做法是去面对不熟悉的事物。如果等到自己筋疲力尽了才去改变，你可能会自断后路。

> **可用的洞察：**
> **有时候，改变会有不一样的收获。**

采取行动

- 诚实地评估自己不满、沮丧和不快乐的程度。
- 问问你自己，五年后你想要过什么样的生活？在目前的条件下你能实现吗？
- 实事求是地审视情况发生变化的可能性。事态变得更令人满意的机会有多大？你是否能做些什么来实现这个目标？
- 问问自己，如果境况永远不会好转，你的感觉会有多糟糕。
- 审视自己的选择，看看针对现状是否有可行的替代选择。你咨询过专家吗？和做出了类似改变的人交谈过吗？
- 分析离开的风险。和留下来的后果相比，怎么样？
- 如果你认为改变是最好的选择，那就制定一个具体的计划并付诸行动，下定决心不要被恐惧或内疚吓退。

38
不说出自己的需求

> 如今你们求,就必得着,叫你们的喜乐可以满足。
>
> ——《约翰福音》(GOSPEL ACCORDING TO JOHN)
>
> 要和别人幸福地生活在一起,你应该只就他们能给予的提出要求。
>
> ——特里斯坦·伯纳德(TRISTAN BERNARD)

自从十四年前结婚以来,温迪·福里斯特尔(Wendy Forrestal)和杰克·福里斯特尔(Jack Forrestal)夫妇每年都在同一个棕榈泉度假胜地度过圣诞周。不论是好日子还是坏日子,身体健康还是身患疾病,哪怕是后来还要照顾两个孩子,他们每年都会进行这个仪式。然而,在过去的五年里,他们两个人都非常讨厌做这件事。两个人都觉得很无聊,都渴望改变。但是没有人说,"今年我们能去别的地方吗?"相反,他们都假设对方会认为不能打破惯例,于是两个人都假装玩得很开心。

对福里斯特尔夫妇来说,不说出实话的风险相对较小,后果也不严重。当我们不说出自己需要或想要的东西时,情况并不总是如此。

你的愿望可能很普通，比如搭便车去机场，但不明确说出来的后果可能会很严重。以这个典型情况为例：奥奇（Ozzie）给了哈丽雅特（Harriet）一个暗示，希望这个暗示能让他得到他想要的，而不需要冒着被拒绝的风险。"啊，我得在7点前赶到机场。"他说道。他在等待哈丽雅特提出载他去机场，但时间一分一秒过去，他的挫败感越来越重。到了不得不叫出租车的时候，他已经很生气了。奥奇回想起自己为哈丽雅特所做的一切，并得出结论，她是自私和不体谅人的。气氛变得紧张起来，哈丽雅特完全不知道为什么。如果她知道了原因，她完全有理由提出抗议："你为什么不直接说你想搭便车呢？"这种误解可能会危及一段友情。

更令人心酸，也更具有破坏性的是那些未被提及的更深层次的需求。例如，许多上了年纪的父母不愿向他们的孩子求助，因为他们害怕把孩子吓跑或被送进养老院，或者他们会因为自己让忙碌的孩子从他们的家庭中抽身出来而感到很内疚。然后紧急情况发生时，他们的孩子不会立即去做需要做的事情，而是会对他们咆哮："你为什么不告诉我？"

对自己的伴侣提出需求比其他任何事情都能更好地例证这种自我挫败的行为，也更具争议性。尽管杂志和自助书籍提出了大量的建议，但对自己的伴侣提出需求仍然是一个高度敏感的话题。提出自己的需求需要勇气和信任，也需要有一个坚强的灵魂来聆听。当涉及感情问题时，我们的自我是如此脆弱，以至于当对方提出需求时，我们就好像听到了批评；我们会想，他们提出需求，那一定是我们做错了什么。

有需求的一方在提出需求之前必须判断哪件事危害更大：是等待伴侣弄清楚我们想要什么（或不想要什么）时产生的挫败感，还是提出需求可能会伤害到他/她的感受。

无论你的需求是必要的还是微不足道的，在你学会提出需求之前，你必须克服导致你保持沉默的压力。我们总是有充分的"理由"来拒绝说出自己的需求：

1. 我们不想伤害或冒犯他人。

2. 这么做帮助我们否认自己的需要。男人特别容易把需要某样东西看作是软弱的表现，并认为提出要求等同于乞讨。

3. 这么做创造了一种内在的应得感。不管我们是否意识到，我们中的大多数人都会记住我们给予和得到的东西。把我们的愿望隐藏起来，会让我们觉得自己是慷慨和高贵的，也能为未来创建"应收账款"。

4. 我们可能会被要求给予回报。我们担心如果我们得到了自己想要的，我们就会有一笔"应付账款"，而别人可能会占便宜。

5. 我们不想冒着被拒绝的风险。当我询问病人为什么他们不提出自己的需要时，他们经常说，"如果我被拒绝了，我不知道该怎么办。"他们担心自己可能会做一些破坏性的事情，或者可能会让这段关系就此结束。

6. 我们认为我们本不需要提出需求。这种错觉反映了一种孩子气的愿望，希望另一个人完全了解自己。我们希望有人能预料到我们的每一个需求，并满足它，就像父母在我们还是婴儿时所做的那样。

等待别人满足你的需求，你很有可能得不到你所需要的。在等待的过程中，可能会出现许多问题。当你的需求未被满足时，你会感到匮乏，你可能会变得喜怒无常、冷漠和郁郁寡欢。你最终可能会怨恨，认为别人非常清楚你需要什么，但就是不想给你。而且，你可能会想要用其他方式来填补空白，但这可能会导致你做出愚蠢的行为，或者，在最坏的情况下，导致你陷入强迫性的行为——滥用酒精或毒品、外遇、赌博，等等——这只会在匮乏感的基础上增加你的羞耻感和内疚感。

提出自己的需要并不软弱。只要你所要求的是公平、合理和应得的，它就不是自私或无礼的。这不是没有必要的。事实上，提出要求可能是你得到它的唯一途径，而且仅仅因为你现在没有它也可以生活，并不意味着你永远都可以。

> **可用的洞察：**
> **如果你不介意得不到你需要的东西，那就不必提出要求。**

采取行动

- 接受你有需求的事实。我们都有需求，最终这些需求会浮出水面。
- 无论你需要什么，想清楚没有它你是否也可以生活。为了一段感情，有些需要是值得牺牲的。但如果没有它会让你感到困扰，而且你会发现自己幻想着拥有它，那么这种需求可能太强烈了，无法被忽视。
- 要意识到，如果你不提出自己的需求，很有可能对方并不知道你需要它。我们中很少有人会读心术。

- 试着提出你的需求，不苛求、批评或抱怨。
- 像陈述事实一样说出你的需要。把它表达成你想从现在开始拥有的东西，而不是专注于你一直没有得到的东西上。
- 试着给对方答应或不答应的选择权。希望他答应是可以的，但尽量不要强求。
- 时机是很重要的。

39
当别人想要别的东西时却只给他们建议

> 爱的首要义务是倾听。
>
> ——保罗·田立克（PAUL TILLICH）

伊丽莎白（Elizabeth）气冲冲地进了屋，准备倒出一肚子的苦水。"你不会相信发生了什么，"她咆哮道，"我花了几个星期辛苦准备这个方案，他（伊丽莎白的同事）却自己做了这场报告。他不认可我，甚至私下里也没有谢谢我！"

当她喋喋不休的时候，她的丈夫戴夫（Dave）在他的安乐椅上扭来扭去，试图想出能让她平静下来的咒语。最后，他插嘴道："看在上帝的份上，丽斯（伊丽莎白的昵称），你反应过度了。"

"反应过度！我应该得到他的尊重，而不是……"

"那你为什么要帮他的忙呢？"

"呵呵。我不知道我为什么要告诉你这些事情。"

你知道接下来会发生什么。一开始是伊丽莎白需要表达自己的感受，结果却演变成一场激烈的争论。这样的事情在大多数亲密关系中都会发生。一方向另一方寻求同情和支持，而另一方却贬低她的感受。最后，她对她所寻求理解的这个人感到愤怒。

> 谁提不出好的建议呢？建议很廉价，不会花他们一分钱。
>
> ——罗伯特·伯顿（ROBERT BURTON）

当我们不知道如何面对别人高度紧张的情绪时，就会发生这种互动。我们想让他们感觉好一点，让他们平静下来，帮助他们克服困扰他们的事情。在情绪最紧张的时候，最好的办法似乎是设法解决问题。我们会跳出来，提出一些我们认为思路清晰的解决方案："好吧，让我们来看看你的选择，"或者"我告诉过你，你应该辞掉那份工作。"或者，我们试图通过改变对方的感受来解决问题："嘿，不要把它看得那么严重。""我相信他不是那个意思，别让这件事困扰你。"更糟糕的是，我们会说一些小看这种情况的话，比如，"嘿，有一份工作你就应该觉得高兴了"，或者"你觉得那很糟糕。我有没有告诉过你曾经……"他的本意也许是想缓和一下，但这样的话会给人一种居高临下、漠不关心的感觉。对方会把这些话理解为："你会有这种感觉，真是傻。"

> 关心是最棒的事，是最重要的东西。
>
> ——许革勒（FRIEDRICH VON HUGEL）

这种情况发生在父母和孩子之间时尤其微妙。史蒂夫·鲁宾逊

（Steve Robinson）和蒂娜·鲁宾逊（Tina Robinson）来见我是为了他们的女儿南希（Nancy）。九岁的南希，聪明迷人，但开始与其他孩子产生矛盾。她一直表现得好斗、急躁、不宽容，结果失去了朋友。当她的父母知道发生了什么事后，他们试图和她交谈。他们给了她很好的建议，告诉她友谊的重要性和对人不友善的后果。而南希的反应是变得喜怒无常、闷闷不乐。鲁宾逊夫妇一直在努力，但他们的努力却换来了愤怒的爆发。

在我的办公室里，我问南希是什么一直困扰着她。"没什么。"她回答说。我又问了几次，用的是不同的字眼，最终她说道："我不知道。"我温柔地坚持着，继续说："一定是出了什么事，因为你是个好孩子。"她反复说她不知道，但显然她在试着找出答案。沉默了一会儿之后，她突然说道："我是第一个出生的，所以我将第一个死去。"然后，她开始哭泣。

原来南希的行为变化从她弟弟出生后就开始了。难以适应弟弟妹妹的出生在日常生活中是很常见的，但对于南希来说，由于她把年长和首先死亡联系在一起，并因恐惧而感到孤独，使得适应这种改变变得更加困难。她的父母给了她建议和引导，但由于他们都不是家里长子，不像南希那样，所以他们无法理解她的这种特殊焦虑。她需要的是某人耐心地和坚持不懈地帮助她找到一种方式来表达自己的感受。

当人们感到沮丧时，他们通常有两种感受：一是对情况本身感到沮丧；二是感到孤独。我们没有意识到这一点，因为我们听到的是"我有一个问题"。听起来好像他们是在寻求帮助，所以我们给出了建议。

但通常他们首先想要的，也是最想要的是，让自己感觉不那么孤独。他们希望看到你是关心他们的。如果你试图解决问题而不首先承认他们的痛苦并表达同理心，那么在他们看来，你是没有人情味的、冷漠的和高傲自大的，你只是在试图回避他们的痛苦。

核心问题是，你在用逻辑回应情感。他们想要的是安慰和关心。如果你只提供一个解决方案，那么他们听到的可能是："你感到难过或受伤对于我来说并不重要。"就好像你在说："吃两片阿司匹林，早上不要给我打电话。"

当你关心的人心烦意乱时，在提出解决方案之前，先向他们表达你的关心。如果你不这样做，他们生气的矛头就会转向你。他们会把气发泄在你身上。"你不明白。"他们会厉声说道。"我当然理解，"你回答道，"你应该这样做。"或者，他们指责你不关心，而你回应道："你是什么意思，我不关心吗？如果我不关心，我为什么要给你一个解决方案？"那时会发生一种能量转移：你生气了，而对方平静下来了。

让他们知道，他们会有这种感受是可以理解的，而且你是对他们有同理心的："哎呀，如果这种事发生在我身上，我也会生气的。"或者"如果这种事发生了，我也会觉得很讨厌。"或者"我曾经也遇到过这种情况。这很可怕。"如果你这样做，他们会立刻感到不那么孤独了。

然后更进一步：帮助他们完成对自己感觉的感知。问一些引导性的问题，比如"感觉有多糟糕？"这是一个好方法，可以鼓励他们把问题说出来。一旦他们这样做了，他们就会冷静下来，然后你们就可以进行更有建设性的讨论了。

> **可用的洞察：**
>
> 直到他们知道你有多关心他们，否则人们并不会在乎你懂得有多少。

采取行动

- 让他充分地表达自己的情感，不审视、评判或打断，以此表明你在乎他的感受。
- 如果你感觉到他有话要说，但又不愿开口，那就接着问他一些和人物、事件、时间、起因以及地点相关的问题。
- 如果他还没有全部说出来，那么还可以问一些问题，比如"感觉有多糟糕？"或者"你有多害怕？"来帮助他更深入地思考自己的感受。
- 如果他的回答含糊不清，那么你可以温柔地逼问他一下，直到他说出类似"我觉得我想死"或"我害怕得睡不着"之类的话。
- 一般来说，除非他要求，否则不要提建议。如果你不确定他是否需要建议，那么可以问一问他是否需要一些帮助或建议。

40
因为感觉没有准备好而放弃

> 紧张为我提供能量,对我有益。当我不紧张的时候,感到自在的时候,我才会担心。
>
> ——迈克·尼科尔斯(MIKE NICHOLS)
>
> 怀疑不是一种愉快的精神状态,但深信不疑却是一件荒谬的事。
>
> ——伏尔泰(VOLTAIRE)

保罗是一名刑事律师,50岁的时候,他已经快精疲力竭了。他厌倦了压力,厌倦了办公室政治,厌倦了通勤,厌倦了做着那样的噩梦:在他的帮助下被释放的被告做出了可怕的事情,他决定给自己放个假,然后在家附近开一家小型私人律所。这个计划可能会带来一些财务风险,但他觉得如果家人愿意节约开支,那么这个计划是可行的。

令保罗松了一口气的是,他的妻子和孩子们都支持他的决定,到了保罗需要将自己的决定告知公司的时候,他们依然都很坚定。但保罗自己却突然忧虑起来。他来见我的时候,几乎就要放弃了。"我害怕得要命,"他说道,"也许我犯了一个大错。也许我还没有准备好。"

在我们做出重大改变或开始一项新事业之前,很多人都会有这样的误解,保罗也是一样。他以为感觉不舒服就等同于没有准备好。

无论我们要做的是承诺一段关系,开始一项新事业,还是生孩子或向某人倾诉我们的想法,我们通常期望自己能够感觉到一切准备就绪,达到一种神话般的精神状态——没有紧张,没有不安,没有犹豫,没有怀疑。相反,当我们感到不安时,我们会认为这标志着我们还没有真正准备好。屈服于这种感觉可能会带来灾难性的后果。当我们回顾自己的生活时,我们不会后悔自己做了什么,只会后悔自己想做而没有做什么。

事实上,当我们面对挑战或重大变化时,感到焦虑是正常的。产生诸如"我能应付这个吗?"或者"我做得对吗?"这样的想法也是正常的。如果我们屈服于这样的想法,我们最终会得到比我们应得的更少的东西。相反,如果我们明白,为了保持头脑和感官的机敏性,我们需要在一定程度上保持紧张,那么我们就能随机应变,对出现的任何情况都能做出有效的反应。现实生活与电影不同,即使是英雄,在拯救世界之前也会紧张。世界著名的运动员和演员在参赛/表演之前都会心跳加速。但是他们已经习惯了,而且还学会了把紧张的情绪转化为动力和有效的行动。

我们不应该把焦虑与恐慌相混淆。恐慌会打败我们。它会削弱我们的力量,使我们效率低下,反应迟钝。如果保罗一直处于恐慌状态,我也会认为他还没有准备好。如果他的计划不现实,我也会同意他应该放弃。如果他说他要辞掉工作，用所有的积蓄买一辆露营车，并打算当一名流浪音乐家来养家糊口，那么我会同意他应该认真看待自己的不安感。但是他已经制定了一个明智的行动方案来解决一个真正的问题。作为一个负责任的顾家的男人，他在生活发生重要变化时感到焦虑是完全正常的。

我们还需要学会区分"能够应对"和"做好准备"。能够应对意味着拥有足够的资源来处理任何合理的突发事件。做好准备指为某个特定的场合准备好了所需的一切。例如，我觉得我能够回答任何关于离婚的问题，因为我已经花了成千上万个小时和那些正在经历离婚的病人进行沟通。但是，尽管我有这样的经历，除非我事先写好稿子并排练过，否则我就没有准备好给我的精神病学学生上一堂关于离婚的精彩课程。专业知识远不如我的人可以记住并发表一次非常棒的演讲。他能做好演讲的准备，但他不一定能够回答问题或给正在经历离婚的人提出建议。

你感到恐惧可能标志着你的准备不足，而不是没有能力应对。如果是这样的话，你可以通过充分准备来缓解你的焦虑。但不要指望消除所有的疑虑和紧张情绪。这种想法会导致我口中的"零风险谬误"：你希望得到这样的保证，一旦你开始行动，就不会出现任何麻烦或意外。生活中不会有这样的保证。总是会有不确定性，尤其是当你和其他人打交道的时候。这就是为什么当一个即将成为新娘或新郎的年轻人临阵退缩时，已婚人士总是会在一旁轻声地笑。他们知道，准新娘/准新郎一直在期盼着婚礼之前能够出现某种神迹，将她/他对婚礼的一切挥之不去的疑虑统统消除——但这只是一个浪漫，但不太现实的愿望。

你所面临的挑战不是要消除不适感，而是要认识到自己什么时候拥有了足够的应对能力。如果你一直等待，直到自己完全放松下来，那么你很可能会因等得太久而与生活擦肩而过。

> **可用的洞察：**
> 仅仅因为你紧张并不意味着你没有准备好。

采取行动

- 如果你因为觉得自己还没有能力应对，想要放弃，那就暂停一下。
- 问问自己，为什么你认为自己还没有能力应对。列出所有的原因。
- 问问自己需要做些什么才能让你感觉有能力应对了。
- 问问自己，实现这些先决条件的可能性有多大。你需要做些什么来实现它们？值得付出相应的时间和精力吗？
- 问问自己是否做好了准备。要客观地看待这个问题，可以问问有经验的人需要做哪些准备。
- 想想过去你放弃过的事情。回想一下，你觉得那些决定是明智的，还是让你感到后悔的？

ABOUT THE AUTHORS
关于作者

马克·郭士顿（MARK GOULSTON），医学博士，获得专业领域证书①的精神科医师。他还是加州大学洛杉矶分校神经心理研究学院（Neuropsychiatric Institute）的一名临床助理教授。

曾在加州大学伯克利分校（UCB）、波士顿大学（Boston University）、门宁格基金会（Menninger Foundation）和加州大学洛杉矶分校（UCLA）接受培训。

郭士顿博士曾经参加过许多地方电视台和国家电视台的电视节目，包括《奥普拉脱口秀》（Oprah），《今日秀》（Today），《莉扎脱口秀》（Leeza），《萨莉·杰茜·拉斐尔秀》（Sally Jesse Raphael），NBC新闻（NBC News）。同时，他每周接受两到三次电台采访，其中包括《吉姆·博汉农秀》（Jim Bohannan）、《美国谈话》（Talk America）和洛杉矶KFWB电台。另外，《洛杉矶时报》（Los Angeles Times）、《男性健康》（Men's Fitness）、《个人底线》（Bottom Line Personal）、《华尔街日报》（Wall Street Journal）和《妇女家庭杂志》（Ladies' Home Journal）等报

---

① 是指医疗领域专业的医疗协会或委员会颁发给医生的，证明其在某领域的突出才能的证书，不同于普通的医生行医资格证。——编者注

刊曾经介绍过他，并引用过他说的话。

目前，他定期为《洛杉矶商业周刊》(Los Angeles Business Journal)、《阿斯彭每日新闻》(Aspen Daily News)撰写专栏，并通过《芝加哥论坛报》供稿组(Chicago Tribune Syndicate)为各大高校报纸供稿。

他曾是女性门户网站iVillage、著名互联网门户网站雅虎（Yahoo!）以及时代公司（Time Inc.）旗下的ParentTime的在线顾问，现在他是lifescape.com的客户关系顾问。

菲利普·戈德堡（PHILIP GOLDBERG）是多本书的作者或合著者，包括《我们为什么做出不利于自己的行为》(Get Out of Your Own Way)（与马克·郭士顿合著）、《激情游戏》(Passion Play)（与费利斯·杜纳斯合著）、《疼痛疗法》(Pain Remedies)（与《预防》杂志的编辑合著）、《直觉的优势》(The Intuitive Edge)和《与你的过去和解》(Making Peace with Your Past)（与哈罗德·布卢姆菲尔德合著）。

马克·郭士顿和菲利普·戈德堡还合著有《持久关系的6个秘密》(The 6 Secrets of a Lasting Relationship)一书。

A NOTE TO THE READER

给读者的话

作为我正在进行的研究的一部分,我很想听听你的自我挫败行为的经历。请让我知道哪些行为是你最关心的,它们是如何影响你的生活的。告诉我,你做了什么来克服它们,以及这本书中的想法和建议对你产生了什么影响。通过与我分享你取得的胜利和遇到的挫折,你的想法和建议,你不仅可以帮助到我,帮助到别人,也可以帮助到你自己。在写作中形成的想法可以加深你的理解,让你更清楚自己的感受。

另外,我还想听听书中没有提及的自我挫败行为。人类发明的破坏生活的方法和改善生活的方法一样多。如果你有关于自我挫败行为的辛酸或幽默的故事(你自己的或别人的),也请与我分享。

你可以写信或者发电子邮件给我,地址如下:

英文通信地址:

Mark Goulston, M.D.

1150 Yale Street, #3,

Santa Monica, CA 90403

电子邮件地址:

mgoulsto@ucla.edu